U0026004

1週為什麼有7天？24節氣怎麼來？

用科學方式
輕鬆懂曆法

日本國立天文台 曆法計算室長
片山眞人／著

蘇暐婷／譯

前言

　　當我介紹自己在天文台計算曆法時，許多人都非常訝異。別說一般人了，相關工作者也是如此。曆法計算室正是這樣小而不起眼的單位。

　　然而，就在 2011 年 3 月 11 日東日本大地震帶來前所未見的災害那晚，曆法計算室的網頁瀏覽數突然暴增，一如元旦日出之時。我仔細地尋找原因，發現是許多人在 twitter 上鼓勵災區民眾「沒有黎明不來的黑夜，再一會兒就日出了，加油」。這件事提醒了我，透過曆法也能為社會做出貢獻。

　　所謂曆法，是指透過觀察太陽與月亮的移動，掌握週期並預測將來，好讓農事按照計畫順利推行所思考出來的規則。因此，曆法中潛藏了許多天文學要素，而擁有曆法的統治者也能創造出龐大的國家與文明。不論是好是壞，曆法都對社會影響甚鉅。

　　本書將嘗試以天文學的視角來講解關於 1 年、季節、1 個月、1 週、1 天、1 小時、1 分、1 秒、閏年、閏月、閏秒等曆法的構成要素。後半將進一步闡述這些要素的基礎，如太陽與月亮的運動、日食與月食、潮汐漲退等現象。

關於曆法計算室的祖先幕府天文方（譯註：由江戶幕府設置的研究機構，負責觀察天象及制定曆法），有一本描寫其初代官員澀川春海一生的暢銷時代小說《天地明察》（沖方丁著），肯定有許多書迷透過這部作品而對曆法產生興趣。若本書能滿足各位的需求，我將倍感榮幸。

　　最後，我想藉此機會，對本書出版盡心盡力的岡村知弘先生，以及 Beret 出版社的大家，致上謝意。

2011 年 5 月
片山真人

第 2 章 日出與日落　　45

第 1 章

曆法是如何決定的？

1. 1年為什麼有365天？

　　我們都知道基本上 1 年有 365 天，每隔 4 年就有閏年，閏年為 366 天。然而，為什麼除了 365 天，還需要 366 天的閏年呢？這個問題必須先從何謂 1 年、何謂 1 天、為何要具備 1 年的概念等疑問談起。

何謂1年？

　　每年到了春天，就能看見櫻花盛開、翠綠的新芽冒出；度過梅雨季進入夏天，蟬的鳴叫響徹樹梢；到了秋天，颱風來襲，迎接收割農作物的時節；北風呼嘯，冬天來臨後，北國一帶便會覆上白雪。像日本這樣的中緯度地區，春夏秋冬四季分明，可以享受四季遞嬗的不同風情。

　　與其相對，位於赤道附近的低緯度地區，1 年之中氣溫幾乎沒什麼太大的變化，只有雨量豐沛的雨季及雨量稀少的乾季這兩種季節變化。此外，在北極、南極這些高緯度地區，則有整天太陽都不西沉的永晝，以及太陽不會升起的永夜，季節變化相當極端。

　　即便在冬天播種，農作物也無法生長，人類為了確保糧食、生存下去，一定得熟知季節的變化，而這個變化的週期就是 1 年。

調查1年的長度

　　變化的週期相當於 1 年，這個現象又是如何調查出來的呢？農耕作業的播種、收割必須配合季節的變化，遠古時代的人便利用各式各樣的巧思來制定這些時期。

　　例如在日出與日落的方向擺放石頭，豎起 1 根木棒，測量太陽來到正南方時的陰影長度（日晷、圭表儀〈參照 78頁〉），黎明時則記錄天狼星等恆星升起的時刻，日落時分則記

錄特定星座經過子午線、通過中天（到達正南方的瞬間）的時刻，以及北斗七星的方向。

這在全世界都留有各式各樣的遺跡：打造於 5000 年前、位於愛爾蘭的紐格萊奇墓（Newgrange），只有在冬至那天，旭日初升的陽光才能照進廊道深處；英格蘭的巨石陣及秘魯的長基羅（Chankillo）遺址，則是在冬至日落及夏至日出的方向擺有石塊；墨西哥的奇琴伊察（Chichen Itza）遺址中的古馬雅文明宮殿，每到春分及秋分之日，階梯上就會出現羽蛇神（Kukulcan）的投影。

這些觀測結果顯示出 1 年的長度約為 365.25 天，人們將此長度稱為 1 太陽年（或回歸年、自然年）。與其相對，古埃及雖然也有制定 1 年等於 365 天的曆法，但這 0.25 天的差距日積月累，卻導致季節與曆法產生偏移。

另一方面，由於 0.25×1460 = 365 天，1461 個曆年（月曆上的 1 年）相當於 1460 個太陽年，於是人們便按照曆年舉行祭祀儀式，按照太陽年從事農耕活動，將這兩者區分開來。

紐格萊奇墓　冬至的朝陽

奇琴伊察　羽蛇神的降臨

儒略曆與格里曆

　　然而，即便頭腦記得再清楚曆法上的日月與季節會逐漸產生偏移，這仍是一件很不方便的事。解決這項問題的人，是征服埃及的羅馬英雄──儒略・凱撒（Julius Caesar），他於西元前 46 年制定了儒略曆。儒略曆雖然也是 1 年 365 天，但每 4 年就會有 1 個閏年，這年是 366 天。（365 ＋ 365 ＋ 365 ＋ 366）÷4 ＝平均 365.25 天，與 1 太陽年相同，如此便能防止偏移持續擴大。

　　不只西洋曆法，對於根據月亮圓缺來制定曆法的中國與日本而言，1 年的長度也是極重要的要素。例如，古代中國使用的初期曆法稱為四分曆，名稱出自 1 年有 365 又 1/4 天。而這也影響了中國角度的算法，中國人以太陽 1 天移動 1 度為由，將圓周劃分為 365.25 度，而非 360 度。

　　倘若 1 太陽年的長度正好是 365.25 天，那一切就都解決了，但更詳細的數值其實是 365.2422 天。我們可能會認為 365.25 － 365.2422 ＝ 0.0078 天，差異微乎其微，但聚沙成塔，過了 1300 年就會相差 10 天，而且這項差距將會逐漸擴大，形成問題。例如，談到復活節，大家都知道是為了慶祝耶穌基督被釘死在十字架後復活的節日。復活節大多訂在春分或春分滿月後的第一個星期日，但這裡的春分與滿月，指的是教會曆上的日期，這點必須特別留意。在教會曆上，春分固定為 3 月 21 日，不會因年與時差產生變動。此外，滿月也是依

照平均的圓缺來推算，而非月亮實際的盈虧，並沒有考慮到時差的因素。如此一來，即使再久以後的事也能先預定下來，也可以在全世界共同的日子舉行慶祝儀式。

西曆 325 年，尼西亞宗教會議將春分訂為 3 月 21 日。由於長年持續使用儒略曆，16 世紀之時，實際的春分已經來到 3 月 11 日。羅馬教宗格里高利 13 世為了修正這項偏差，便於 1582 年導入格里曆。格里曆的閏年規則如下：

1. 將西曆中能以 4 除盡的年視為閏年。
2. 承 1，若該年能以 100 除盡，則不視為閏年。
3. 承 2，若該年能以 400 除盡，則視為閏年。

（365.25 － 365.2422）× 400 ＝ 3.12，換句話說，儒略曆每 400 年就會多出 3 天，只要將閏年減少 3 次即可。具體而言，1700 年、1800 年、1900 年這些 100 的倍數都不算閏年，而諸如 2000 年這類 400 的倍數，則視為閏年。因此 400 年中，共有 400÷4 － 3 ＝ 97 次閏年，平均長度為（365×400 ＋ 97）÷400 ＝ 365.2425 天，數值更接近太陽年。

當然，以上述方法制定的格里曆仍無法和太陽年完全吻合。其實只要將插入閏年的規則訂得更複雜，就能得到更精確的數值，實際上也有許多新的曆法提案，但都沒有採用，至今

使用的仍是格里曆。

　　理由除了規則複雜容易記不住之外，星期的連續性也在考量之內。格里曆有個特色，400年間的天數（365×400＋97）正好是7的倍數，每400年的日期與星期會完全相同。

　　更改格里曆時，為了將春分調回3月21日，直接把1582年10月4日的隔天訂為1582年10月15日，跳過10天，星期的部分則承接10月4日星期四，將10月15日設定為星期五，使之連續。

2. 何謂1個月？

　　1 日指的是太陽、日輪，相對的 1 個月指的便是月亮。想判別昨天的太陽與今天的太陽有何不同，幾乎不太可能，但月亮會有新月→蛾眉月→上弦月→滿月→下弦月→新月的變化，每天的形狀及可觀測的時間都會改變（參照第 4 章），在計算日期上相當方便。

計算月亮的盈虧

所有文明最初誕生的曆法，都是根據月亮圓缺的週期而制定的太陰曆（又稱陰曆）。新月至下一次新月間的週期（朔望月）平均約為 29.5 天，這段週期形成了 1 個月的基礎概念。透過 365 天與 366 天的調節，太陽年的長度得以平均，同樣地，朔望月的長度 29.5 天，則是利用反覆的小月（29 天）與大月（30 天）來實現。

明治以前的日本也使用以月亮盈虧的週期為基礎的陰曆，這在許多地方都曾留下痕跡。例如，1 日是月亮剛升起的時候，因此稱為「ついたち」（譯註：月的日文發音為つき，升起的發音為たち），30 日是月亮隱蔽的時候，因此稱為「晦（つごもり）」（譯註：月隱的日文發音），此外 30 歲（みそじ）相當於而立之年，因此 30 日又稱「みそか」。一年將盡時，日本人習慣一邊看紅白歌唱大賽，一邊度過除夕，這一天稱作「大晦日」。此外由於 1 日是新月，15 日的夜晚（十五夜）會接近滿月，因此各地都會舉行賞月活動。

1 個月有 29.5 天，重複 12 個月也只有 29.5×12 ＝ 354 天，與 1 年（365 天）相比仍不足 11 天。就算在每個月多加 1 天使之更接近太陽曆，又會多出 1 天（非閏年時），而各月份的天數乍看之下也很亂，毫無規則可循。

接下來，我們將藉由解開創造儒略曆的古羅馬曆法，來了解古人是透過何種方法制定出現在的天數。

圖1-1 月亮的盈虧

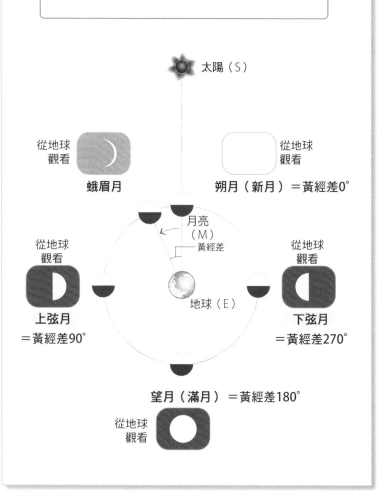

當太陽與月亮的相對位置不同，抬頭可觀測到的月亮形狀也會跟著改變。由於月亮繞地球公轉的軌道面，與地球繞太陽公轉的軌道面（黃道面）幾乎相同，因此月亮與太陽的相對位置關係便可經由黃道面的傾斜角度（黃經差）來表現。

太陽（S）

從地球
觀看

蛾眉月

從地球
觀看

朔月（新月）＝黃經差0°

月亮
（M）

黃經差

從地球
觀看

上弦月
＝黃經差90°

地球（E）

從地球
觀看

下弦月
＝黃經差270°

望月（滿月）＝黃經差180°

從地球
觀看

19

古羅馬曆法的特定日期

在古羅馬的曆法中，各月的特定日期都有命名。

Kalendae：1 日。拉丁語有「宣言」、「布告」的意思，源自看見新月（蛾眉月）時宣布新的 1 個月開始。Calendar（月曆）這個詞彙與 Kalendae 便是來自同一語源。

Nonae：在有 31 天的月份中屬於第 7 日，在其他月份則是第 5 日。據說是由大祭司觀察新月的粗細，然後設定出到上弦月的期間。在拉丁語中代表「9」，為 Idus 的 9 天前（計算時含 Idus 在內，後述），相當於上弦月。

Idus：在有 31 天的月份中為第 15 日，在其他月份則是第 13 日。在拉丁語中是「分開」的意思，意指將朔望週期分開的滿月。莎士比亞的戲劇《凱撒大帝》中，凱撒在被暗殺前曾有預言指出「Beware the Ides of March」（小心 3 月的 Idus），此處 3 月的 Idus 指的便是 3 月 15 日。

至於其他日期，則是以到 Kalendae 尚有幾天，到 Nonae 尚有幾天，到 Idus 尚有幾天的方式逆推而來。例如 3 月 10 日記為 a.d. VI Id. Mart.（Id. Mart. = Martius 的 Idus = 3 月 15 日，a.d. = ante diem = 逆推，意即從 3 月 15 日逆推 6 天）。就現代的觀念而言，往回推算是 14、13、12、11、10，3 月 10 日是 3 月 15 日的 5 天前，但古羅馬並沒有 0 的概念，因此會從 15、14、13、12、11、10 計算，標示為「6 天前」，這點要特別留意。

過了 Idus 後，下次就會以隔月的 Kalendae 為基準計算。例如 2 月 27 日記為 a.d. III Kal. Mart.（Martius 的 Kalendae 的 3 天前）。

古羅馬的曆法

考古學家發現一種名叫 fasti 的古羅馬月曆（下圖）。圖中可以看見各月縱向排成 1 列，並以 A 到 H 的記號依序劃分，而非以日期。A 到 H 共 8 天，此一週期顯示出即將舉辦市集，意謂著 1 週等於 8 天。

如果這類可復原的月曆能大量出土，古羅馬的曆法全貌便能清楚呈現，遺憾的是月曆的數量相當稀少，只能依靠後世歷史學家殘存的資料解謎。但這些書上的紀錄都很片面，書寫於西元前後的文獻也沒有寫下明確的理由，甚至互相矛盾，因此實際上很難釐清。

羅馬國立博物館館藏

曆法之道通羅馬

相傳古羅馬在西元前 8 世紀訂定曆法，據說最早是傳說中的開國王者羅穆盧斯（Romulus）所使用的羅穆盧斯曆。照理說，從 Kalendae、Nonae、Idus 等名稱推演月亮圓缺並制定曆法，是最清楚易懂的，羅穆盧斯曆卻將 30 天的月份訂為 6 個，31 天的月份訂為 4 個，合計 304 天、10 個月，剩下的 61 天是休生養息的冬季，因此不算在內，可說是規則奇怪的曆法。

羅穆盧斯曆的 1 年始於 Martius。Martius 源自戰神馬爾斯（Mars），是 3 月（March）的原型，後續的 Aprilis 則源自女神阿芙蘿黛蒂（Aphrodite），同時也是 4 月（April）的原型[1]。此外，Maius、Iunius 是 5 月（May）與 6 月（June）的原型，據說分別源自女神瑪雅（Maia）與天后朱諾（Juno），但也有人認為單純指老人（maiores）與年輕人（iuniores），說法並不一致。

之後的 Quintilis、Sextilis、September、October、November、December 分別代表第 5、第 6、第 7、第 8、第 9、第 10 個月。October 代表第 8 個月，可以從英文八腳章魚的 octopus 聯想。除了名稱以外，Martius（現在的 3 月）、Maius（現在的 5 月）、Quintilis（現在的 7 月）、October（現在的 10 月）還有一個共通點，就是都有 31 天。

＊1：也有一說認為 April 源自 aperit，意思是（花蕾）綻放。

　　1年304天實在太過不便，因此之後制定的努馬（Numa）曆便增加了Ianuarius、Februarius這2個月份。Ianuarius是1月（January）的原型，源自擁有2張臉，1張回顧過去，1張望向未來的門神亞努斯（Janus），而Februarius是源自驅邪、除穢的字彙februare，是2月（February）的原型。

　　至於月份的天數，努馬曆將擁有30天的月份（6個）減少為29天，並將Ianuarius設定為29天，Februarius設定為28天，1年的天數合計355天，與1年354天的太陰曆相近，但不知為什麼，Ianuarius是29天而非28天，導致多了1天。據說這是因為羅馬人認為偶數是不吉祥的數字而避諱使用，唯一的例外是Februarius的28天，這個月是驅邪除穢的月份，即便不吉祥也可允許。此外，除了Februarius之外，每個月從Idus到Kalendae的天數都相同（16天），逆推日期時也很方便。

　　努馬曆與太陽曆的偏差會以閏月（mensis intercalaris）來調整。調整時是使用當時被視為年末（後述）的Februarius。具體的方法，是將28天的Februarius每2年調整為23天或24天，接著在Februarius後插入27天的閏月。

　　不過這麼一來，1年的平均天數就會變成（355 + 377 + 355 + 378）÷4 = 366.25天，比太陽曆多了1天。此外，由於23天無法完成1個朔望月的週期，因此月亮的盈虧也產生極大的偏差。

負責插入閏月並決定長度的人是大祭司，這種既不偏向太陰曆也不偏向太陽曆的曖昧曆法，不難想像將招致混亂。不論是因為政治、經濟上的理由而刻意為之，或是因忙於戰爭無法將閏月正確插入，都會使曆法與季節發生嚴重的偏差。

最後到了西元前 46 年，歷經 1 年等於 445 天的大混亂年之後，儒略·凱撒引進了儒略曆。這種曆法採用其統治麾下的埃及天文學知識，將天數調整為平年 365 天，4 年 1 度的閏年為 366 天，實現了 365.25 天的平均天數。為了讚頌他的功績，將凱撒誕生的月份 Quintilis 改稱為 Iulius，也就是 7 月（July）的原型。

凱撒死後，古羅馬曾發生原本 4 年 1 度的閏年被改成 3 年 1 度的錯誤，為了讚揚皇帝奧古斯都修正這項錯誤的功績，元老院決定將 Sextilis 改稱為 Augustus。

之後的統治者爭相模仿，紛紛改變月份的名稱，不過都沒有固定流傳下來。繼承奧古斯都的皇帝提貝里烏斯，甚至曾問過「要 13 個皇帝做什麼？」並拒絕將自己的名字作為月份名稱。

年初與年末

關於 Ianuarius 與 Februarius，眾說紛紜，有人認為兩者皆插入年末，有人認為皆插入年初，有人認為 Ianuarius 在年初、Februarius 在年末。若插入年末，曆法某處的順序應

該有變動，但至於是何時變動，又是由誰變動，卻都不明確。

　　不過，由於執政官會從 Martius 的 Idus（15 日）開始值勤（當時曾留下以執政官的名字為年號的紀錄），因此 1 年始於 Martius，終於 Februarius 的看法根深蒂固，而閏月的調整也在 Februarius 進行。

　　之後為了因應西班牙發生的叛亂，西元前 153 年起，執政官的值勤改為從 Ianuarius 的 1 日開始，儒略曆也正式將 Ianuarius 的 1 日訂為年初，如今閏年的調整於 2 月進行，正是當時所流傳下來的。此外，由於將 Ianuarius 訂為年初，導致各月偏移了 2 個月，因此第 7 個月的 September 變成了 9 月，第 8 個月的 October 變成了 10 月。

　　曆法會反覆循環，1 年要始於何時，亦即年初該訂在何時有一定的自由度，然而古羅馬卻在導入儒略曆前的西元前 46 年，將 1 年調整為 445 天，造成極大的混亂，理由為何至今仍不清楚。但以結果來看，冬至前後成為年初乃是事實。大概是因為 1 年的開始，在（看似）微弱的太陽從冬至重獲新生；1 個月的起始，在隱蔽的月亮再次成為新月之時；1 天的開始，在太陽從地平線升起的日出之時吧！

為什麼2月比較短？

　　有一說認為，進行儒略曆的改革時，將各月的長度調整為奇數月 31 天，偶數月 30 天（2 月平年 29 天、閏年 30 天，

25

請參照 27 頁的表格 儒略曆 (2))，之後到了奧古斯都時代，元老院將 Sextilis 改成 Augustus 之際，為了讓此月與以凱撒命名的 Iulius 等長，便從當時被視為年末的 2 月取走 1 天，改變各月的長度。雖然這項說法本身既有道理又簡潔易懂，但調查各式史書及出土資料後，發現似乎並不正確。

如同前面所述，古羅馬習慣逆推日期，於此狀況下，在月末添加 1 天，將導致儀式的日期產生偏差，招致混亂。古羅馬不像日本或中國能準確地預測月亮的盈虧，而是使用固定的日數，為的就是預防曆法紊亂。

最後，進行儒略曆的改革時，將 10 天分配在 7 個擁有 29 天的月份裡，成為現今的天數（27 頁的表格 儒略曆 (1)）。為了讓日期變更的影響盡可能縮小，即使是新增成 31 天的月份，也讓 Nonae 與 Idus 分別維持在原本的 5 日及 13 日。此外，由於 2 月是驅邪、除穢的月份，將舉行許多帶有宗教意義的祭祀儀禮，因此也避免更改天數。

儒略曆在閏年增加 1 天的方法，不像現在一樣加於 2 月 28 日之後，而是讓 2 月 24 日重複 2 天。a.d. VI Kal. Mart. 的下一天是 a.d. bis. VI Kal. Mart.（dies bissextilis）（bis 意指重複 2 次），藉此避免更改祭祀的日期。閏年之所以稱為 bissextile year，典故就是由此而來。

各月天數的變遷如下表所示。

古羅馬的曆法與各月的天數

	月名	羅穆盧斯曆	努馬曆	儒略曆(1)	儒略曆(2)
1月	Ianuarius		29	31	31
2月	Februarius		28	28 (29)	29 (30)
3月	Martius	31	31	31	31
4月	Aprilis	30	29	30	30
5月	Maius	31	31	31	31
6月	Iunius	30	29	30	30
7月	Quintilis (Iulius)	31	31	31	31
8月	Sextilis (Augustus)	30	29	31	30
9月	September	30	29	30	31
10月	October	31	31	31	30
11月	November	30	29	30	31
12月	December	30	29	31	30
合計 (閏)		304	355 (377、378)	365 (366)	365 (366)

3. 為什麼季節會變化？

　　前面曾提及四季循環代表 1 年，那麼為什麼季節會產生變化呢？提到隨季節改變的現象，不外乎白天的長度、太陽的中天高度、日出日落的方向等等。是的，季節與太陽的運轉息息相關。不過，此處實際運轉的是地球而非太陽，一起來思考地球是如何運轉的吧。

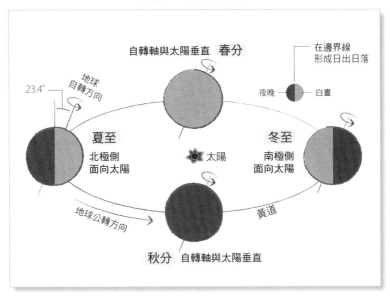

圖1-2　地球的公轉

地球運轉造就季節遞嬗

地球會繞著太陽公轉，地球的自轉軸與公轉面並非垂直，而是呈 23.4 度的傾斜。當地球保持傾斜地繞著太陽公轉，北極側面向太陽的時期與南極側面向太陽的時期就會交互來臨（參照圖 1-2）。

在圖 1-3 中，面向太陽的那一面照到陽光形成白晝，另一面則形成黑夜。地球以自轉軸為中心，按照 1 天 1 圈的速度自轉，假設北極側面向太陽，北半球白天的時間，也就是白晝就會較長，夜晚的時間，亦即黑夜則會較短。另外，由於此

29

時太陽的中天高度高，單位面積照射到的陽光量較多，因此相對炎熱。白天長又炎熱的季節，就是夏天。

相反的，當北極側背對太陽時，北半球的白天會變短，夜晚會變長，太陽的中天高度低，單位面積照射到的陽光減少，氣候也變得寒冷。白天短又寒冷的季節，就是冬天。

夏天與冬天之間是春秋兩季，這點自然不必多說。在春天與秋天，地球的晝夜邊界線與自轉軸的方向一致，因此白天與夜晚的長度幾乎相等。

當地球繞著太陽轉 1 圈後，季節也輪替過 1 回，代表經過 1 年。換句話說，1 年的長度與地球的公轉週期相等。

順帶一提，從圖 1-3 可以發現，北半球與南半球的季節是顛倒過來的，而赤道附近一整年的白晝長度幾乎沒什麼變化，南北極附近則有一整天太陽都不西沉的季節（永晝），以及太陽一整天都不升起的季節（永夜）。

二十四節氣與季節

地球公轉會造成季節變化，反過來只要知道地球位於軌道何處，就能推算出季節。前面曾說明自轉軸的北側面向太陽時是夏至，南側面向太陽時是冬至，而自轉軸與太陽垂直時則是春分及秋分，又稱「二至二分」，此為特別重要的指標。由於現在我們使用的曆法是以太陽運轉為基礎的太陽曆（格里曆），因此冬至與夏至的日期幾乎每年都不會改變。

圖1-3　自轉軸的方向與季節的關係

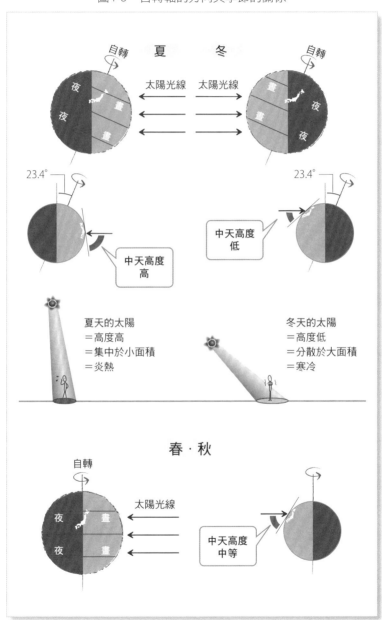

夏

冬

自轉

自轉

太陽光線　太陽光線

夜　　夜　　夜

晝

晝

晝

晝

夜

夜

23.4°

23.4°

中天高度
高

中天高度
低

夏天的太陽
＝高度高
＝集中於小面積
＝炎熱

冬天的太陽
＝高度低
＝分散於大面積
＝寒冷

春・秋

自轉

太陽光線

夜　　晝

夜　　晝

中天高度
中等

31

　　另一方面，明治時代以前的日本，使用的是以月亮盈虧為基礎的太陰曆。月亮圓缺的週期約為 29.5 天，特色是每天形狀都會改變，因此很好計算日期。不過即使重複 12 次圓缺，過完 12 個月，仍只有 354 天，比 1 年短了 11 天。假設某年的夏至是 6 月 21 日，隔年就會因為慢了 11 天而變成 7 月，這麼一來就無法訂定「在○月×日播種」的計畫了。

　　為此，曆法上訂定了不同於日期的冬至、夏至、春分、秋分等二十四節氣。所謂二十四節氣，就是將 1 太陽年分割成 24 份，此為對應各季節的指標，只要參考這項指標，就能一面使用太陰曆，一面有計畫地實施農耕。

　　我們常在電視上聽到「從月曆來看春天已經到了」，指的就是立春。不過，二十四節氣是源自於古代中國北方的觀念，因此未必適用於現代日本。

　　二十四節氣該訂於何時，大致分為 2 種方法。一種是將 1 太陽年的長度分成 24 等分，稱為平氣法（或稱恆氣法）。若 1 太陽年為 365.2422 天，則各節氣會以 365.2422/24 = 15.2184 天等距訂定。這種方法雖然簡便，但地球公轉的速度並無一定，因此地球自轉軸的方向與太陽的位置關係便無法與先前的說明吻合。

　　為了解決這點，人們思考出另一種稱為定氣法（或稱實氣法）的方法。定氣法是將地球繞太陽公轉的角度分成 24 等分，若 1 周為 360 度，那麼二十四節氣的間隔就是 360÷24

圖1-4　二十四節氣

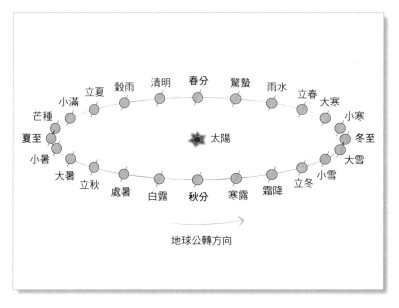

太陽

地球公轉方向

＝ 15 度。一般測量角度（黃經）時會將春分訂為 0 度，因此
夏至就是 90 度，秋分是 180 度，冬至則是 270 度。如此一
來，地球自轉軸的方向與太陽的位置關係就說得通了，但另
一方面，各節氣間的時間間隔會因地球公轉速度而改變，若
公轉速度快則短於 15.2184 天，若公轉速度慢便會延長，相
當複雜。

究竟哪一方正確並無定論，但日本的曆法從天保曆之後
便採用定氣法，直到今日。

何謂雜節？

　　月曆上除了有二十四節氣之外，還印有代表節分、彼岸、八十八夜、入梅、半夏生、二百十日、土用等季節的記號，通稱雜節。

節分：原指「分開季節」的意思，就是立春、立夏、立秋、
　　　立冬的前一天，但現在只剩立春的前一天。在日本，
　　　一說到節分就會聯想到撒豆子的習俗。

彼岸：依照現今習俗會將春分及秋分視為彼岸的中間日，中
　　　間日的 3 天前彼岸開始，3 天後彼岸結束，為期 7 天。

八十八夜：從立春開始計算的第 88 天，也是接近夏天的第
　　　88 個夜晚。人們將其視為注意晚霜（4、5 月降下的冰
　　　霜）的指標。

二百十日：從立春開始計算的第 210 天，是颱風將近的季節。

　　入梅、半夏生、土用和二十四節氣相同，都是依照角度來定義。

入梅：位於 80 度的位置，代表梅雨季。

半夏生：位於 100 度的位置，指「半夏」這種草藥生長的
　　　季節。農民將其視為結束插秧工作的記號。半夏生為
　　　七十二候之一，不知為何也是唯一殘存以七十二候命
　　　名的雜節。

土用：297 度、27 度、117 度、207 度的位置皆為土用之始，
　　　從這幾天開始分別到立春、立夏、立秋、立冬間的日子
　　　稱為土用。這是為了讓四季符合萬物源自金、木、水、
　　　火、土的五行說所想出來的雜節。除了以春對應木、夏
　　　對應火、秋對應金、冬對應水之外，還從各季節湊齊要
　　　素以對應土。每到夏天，「土用丑日」的鰻魚總是特別
　　　便宜，此時的「土用」指的便是夏天的土用。「丑」是
　　　十二地支的丑，每天按照順序從子、丑、寅……計算，
　　　直到亥，最後回到子。因此在為期 18 天的土用裡，有
　　　時「丑日」會重複 2 次，稱為二丑。順帶一提，日本
　　　人在「土用丑日」食用鰻魚的習俗，據說是源自以電器
　　　發明家聞名的平賀源內為販賣鰻魚而想出來的標語。

4. 星期是如何誕生的？

　　在現代社會中，政治、經濟、文化等所有事物都以1週為單位進行運作，月曆也大多以1週為單位，這是因為安排未來的計畫時，以年或月為單位都太長，而1星期的長度恰到好處的緣故。

　　身為現代人的我們，或許會認為1週等於7天是理所當然的事，但正如前面所提及，在古羅馬的曆法中，1週等於8天，在古埃及則是10天。讓我們一起透過這個小節來解開星期誕生的謎團吧。

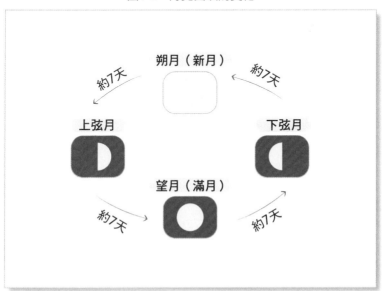

7日循環的誕生

　　7日循環的計算方式，誕生自古巴比倫尼亞地區。古巴比倫尼亞使用以月亮盈虧為基準的太陰曆，並將7日、14日、21日、28日訂為假日。據推測這是以月亮的圓缺每7天便會大幅改變（新月→上弦月→滿月→下弦月）的週期制定而來。

　　此外，在傳遞猶太教教義的舊約聖經中，曾記載神於6天內創造天地，第7天休生養息。而此第7天稱為Sabbath（相當於現在的星期六），是猶太教的安息日。

圖1-5　月亮圓缺的變化

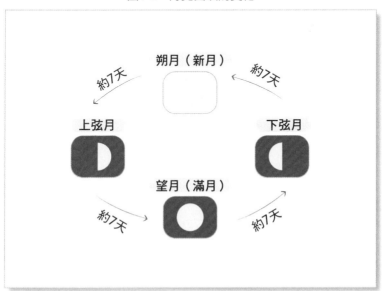

星期的神明

日文的星期名稱，是使用日（星期日）、月（星期一）、火（星期二）、水（星期三）、木（星期四）、金（星期五）、土（星期六）等行星名（加上太陽、月亮，合稱七曜）。原本這些行星各自擁有太白、歲星、辰星、熒惑、鎮星等名字，在結合萬物生自金、木、水、火、土的五行說之後，就成了金星、木星、水星、火星與土星了。

平安時代，弘法大師將星期的觀念連同宿曜教傳至日本，並藉此來翻譯星期一至星期日的名稱。此外，當時的星期只是單純用於占卜日子的吉凶，像現在這樣以 1 週為單位過生活，則是明治以後的事。

從拉丁文來看，引用天體的概念更為明顯，例如 dies Solis（太陽之日）、dies Lunae（月之日）。然而，英文卻是 Mars 與 Tuesday，天體的名稱與星期的名稱並無直接關聯，這又是為什麼呢？

因為行星的名字原本就取自神的名字，所以星期名就是神名。為此，各國在傳播星期的觀念時，還曾發生過將羅馬神話的神名替換成自己文化中相對應神名的現象。

例如戰神 Mars 被替換為日爾曼民族的戰神 Tiu，並且演變為 Tuesday，而美之女神 Venus 則被替換為 Freya，並演變為 Friday。

星期的名稱

日文		拉丁文		英文		
星期名	天體名	星期名	天體名	星期名	天體名	神
土曜	土星	dies Saturni	Saturnus	Saturday	Saturn	Saturn
日曜	太陽	dies Solis	Sol	Sunday	Sun	Sun
月曜	月亮	dies Lunae	Luna	Monday	Moon	Moon
火曜	火星	dies Martis	Mars	Tuesday	Mars	Tiu
水曜	水星	dies Mercurii	Mercurius	Wednesday	Mercury	Woden
木曜	木星	dies Jovis	Jove (Jupiter)	Thursday	Jupiter	Thor
金曜	金星	dies Veneris	Venus	Friday	Venus	Freya

　　順帶一提，中國是以日、一、二、三、四、五、六的數字來表示星期。

星期的順序是如何決定的？

　　姑且不論日、月，之後的順序又是如何決定的呢？在羅馬歷史學家卡西烏斯・迪奧（Cassius Dio）撰寫的羅馬史中，曾介紹過 2 種說法。雖然哪種說法正確尚且不明，但都是以天動說的理論為基準，將日月行星從距離地球最遠的開始排列，依序為土星、木星、火星、太陽（日）、金星、水星、月亮，再將行星的名稱分配給星期。

① 以四音音階（Tetra Chord）理論對應天體

將天體每 4 個一數依序挑出（如同古羅馬日期的算法，計算時包含該天體在內），便會得到土星→太陽（日）→月亮→火星→水星→木星→金星→土星的順序。我們可能會認為將音樂與天體結合的想法很奇怪，但古希臘數學家畢達哥拉斯，以及以行星運動定律聞名的克卜勒都支持這項說法。

② 將1天24小時按照順序對應

透過 1 點為土星、2 點為木星、3 點為火星……的方式依序分配天體，則 24 點為火星，隔天 1 點為太陽（參照 42 頁的表格）。持續下去並將分配到 1 點的天體一字排開，便會得到土星→太陽（日）→月亮→火星→水星→木星→金星→土星的順序。這種說法應是源自占星術的思想：1 點由土星支配，2 點由木星支配……，而支配 1 點的天體則支配當日。實際上 1 週等於 7 天的概念曾隨著占星術的流行，經由地中海一帶及埃及傳至羅馬帝國。此外，Horoscope（星座）的 horo 是由英文 hour（小時）的語源——希臘語 hora 而來的，此一事實也使得本說法充滿說服力。

上述說明是以星期六作為 1 星期的開始，或許有些人會覺得怪怪的，但只要觀看實際從羅馬皇帝提圖斯的浴場遺跡（1 世紀時）出土的月曆，就會發現月曆上的圖像確實如上述

圖1-6　四音音階理論

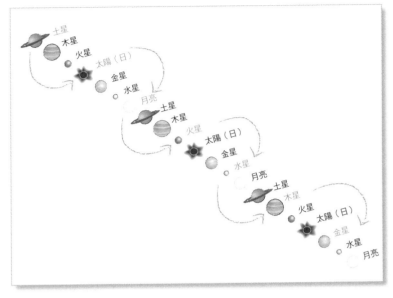

順序排列（參照 44 頁圖 1-7）。

　　星期會反覆循環，因此要將星期幾訂為開始並不成問題，但須視必要性額外修訂。ISO8601（國際標準組織訂定的時間與日期標示法）以及 JIS X0301 2002（日本工業規格的日期與時間標示）的星期一是第 1 天，星期日是第 7 天，以星期一作為 1 週的開始。另一方面，在勞動基準法上的 1 週，只要沒有就業規則以外的特殊規定，都視為「始於星期日、終於星期六」的曆週（昭和 63.1.1 厚生勞動省勞動基準局長核發第 1 號）。

　　近年來大部分的月曆都將星期日擺在左側，將星期一擺在

以占星術思想為基準的星期順序

1	土星	太陽(日)	月亮	火星	水星	木星	金星
2	木星	金星	土星	太陽(日)	月亮	火星	水星
3	火星	水星	木星	金星	土星	太陽(日)	月亮
4	太陽(日)	月亮	火星	水星	木星	金星	土星
5	金星	土星	太陽(日)	月亮	火星	水星	木星
6	水星	木星	金星	土星	太陽(日)	月亮	火星
7	月亮	火星	水星	木星	金星	土星	太陽(日)
8	土星	太陽(日)	月亮	火星	水星	木星	金星
9	木星	金星	土星	太陽(日)	月亮	火星	水星
10	火星	水星	木星	金星	土星	太陽(日)	月亮
11	太陽(日)	月亮	火星	水星	木星	金星	土星
12	金星	土星	太陽(日)	月亮	火星	水星	木星
13	水星	木星	金星	土星	太陽(日)	月亮	火星
14	月亮	火星	水星	木星	金星	土星	太陽(日)
15	土星	太陽(日)	月亮	火星	水星	木星	金星
16	木星	金星	土星	太陽(日)	月亮	火星	水星
17	火星	水星	木星	金星	土星	太陽(日)	月亮
18	太陽(日)	月亮	火星	水星	木星	金星	土星
19	金星	土星	太陽(日)	月亮	火星	水星	木星
20	水星	木星	金星	土星	太陽(日)	月亮	火星
21	月亮	火星	水星	木星	金星	土星	太陽(日)
22	土星	太陽(日)	月亮	火星	水星	木星	金星
23	木星	金星	土星	太陽(日)	月亮	火星	水星
24	火星	水星	木星	金星	土星	太陽(日)	月亮

左側的反而很少見。可見世界上雖然存在著以各式方法排列的月曆，但其實不知不覺中都受到了安息日的影響。

安息日是星期幾？

一如舊約聖經的描述，在猶太教，第 7 天＝希伯來文的 Sabbath ＝星期六為安息日。

在基督教，最一開始曾有將 Sabbath 與耶穌基督復活的星期日都訂為安息日，兩者並存的狀況。在那之後，君士坦丁大帝於西元 321 年發布敕令，將星期日尊崇為工作休息日；西元 325 年的尼西亞宗教會議，確立以儒略曆訂定復活節日期的方法。西元 364 年的老底嘉宗教會議，將星期日視為主日並訂為假日，而非 Sabbath，自此基督教社會便以星期日為安息日。

在伊斯蘭教社會，星期五是先知穆罕默德逃往麥地那的日子，因此訂星期五為假日。之所以選擇這天還有另一個背景，就是每個星期五猶太人會為了準備 Sabbath 而舉辦市集，人潮較容易聚集。

圖1-7　提圖斯浴場遺跡的月曆

使用時以棒子指向洞口。最上面畫著代表星期的眾神，順
序從星期六開始。

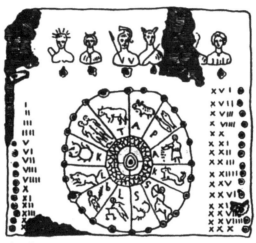

復原前

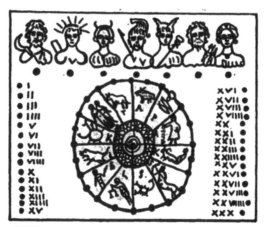

復原後　　　　　出自「Sunday in Roman Paganism」

日出與日落

1. 何謂1天？

　　在前一個章節曾提及 1 太陽年為 365.2422 天，文中很自然地以 1 天為單位，那麼 1 天又是什麼呢？

　　1 天是人們早晨起床，白天到學校或職場，傍晚回家，夜晚就寢，重複此一生活的單位。與此相同，太陽也是每天早晨從東邊升起，中午通過南方，傍晚西沉，夜晚消失於黑暗中，如此日復一日。而所謂的 1 天、1 日，指的便是太陽。

　　在人類難以獲得光照的時代，配合大自然的變化，日出而作、日落而息的生活再自然不過。因此，太陽經過中天之後，在下一次經過中天前的這段間隔，就成了最簡單的 1 天的概念。

地球自轉造成日夜循環

地球繞著太陽公轉時，本身也會旋轉，這個現象稱為自轉。若比喻為溜冰選手，繞溜冰場 1 圈是公轉，做出兩周半跳與三周半跳等花式技巧就是自轉。即便是溜冰選手也無法一邊做出三周半跳一邊持續滑行，但地球卻能自然地一邊自轉一邊持續公轉。

早晨、中午、黃昏、夜晚，這些 1 天的循環，實際上不是受太陽運動的影響，而是由地球自轉所引起的現象。請看圖 2-1，照射到太陽光的一面形成白天，反面則是黑夜，當地球因自轉由夜晚側進入白天側便形成日出，反過來就是日落。

1天從哪裡開始？

近年來多虧 EPG（電子節目表），錄深夜節目不再那麼辛苦，不像以前經常弄錯日期。其實之所以會弄錯，原因就在於即便頭腦知道過了凌晨 0 點日期會改變，感覺上仍過著同一晚的緣故。

儘管江戶時代的曆法在超過凌晨 0 點（正子）後也會改變日期，但從人的想法來看，天空開始轉亮的「明六」（清晨）才是 1 天的開始。

相反的在伊斯蘭教圈，日落才是 1 天的開始。在齋戒月期間，伊斯蘭教徒從日出到日落之前不可進食，這個特殊的

1. 何謂1天？

圖2-1　1天的循環與自轉

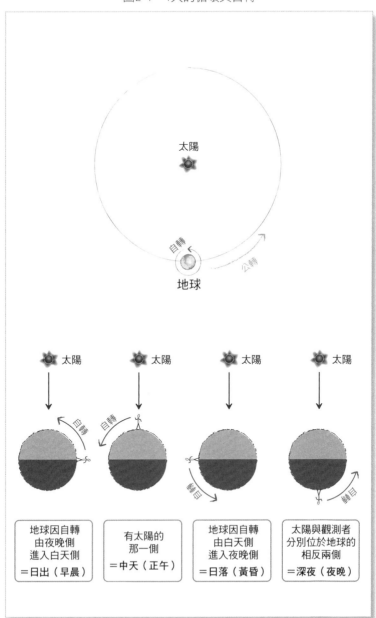

| 地球因自轉
由夜晚側
進入白天側
＝日出（早晨） | 有太陽的
那一側
＝中天（正午） | 地球因自轉
由白天側
進入夜晚側
＝日落（黃昏） | 太陽與觀測者
分別位於地球的
相反兩側
＝深夜（夜晚） |

月份會從新月出現開始，持續到下一次新月出現的傍晚結束。此外，在天文學的範疇中，以凌晨 0 點劃分日期在觀測上很不便，因此至 1924 年底，正午一直被視為 1 天的開始（稱為「天文時」）。

1天為什麼有24小時？

1 年約有 12 個月，黃道十二宮（星座）、十二地支等，許多事物都以 12 來割，相對的，以 24 來劃分的事物則相當稀有。從自然的推論來看，這恐怕是因為古人將計算夜晚與白天時間的方法弄錯，導致晝夜各自分成 12 等分的緣故。而這種算法的起源據說來自古埃及。

白天的時間可以透過太陽的移動得知，測量則須利用日晷。西元前 1500 年，古埃及人發明了 L 字形的日晷，現存於柏林的埃及博物館。將日晷的短邊於上午時面向東方，下午時面向西方並觀測其陰影，便能各自計算出每 5 個小時。另外，把日出與日落的時間相加，就是 12 小時。夏天白晝長，冬天白晝短，因此這種方法會隨著季節不同而在時間長度上產生差異，稱為「不定時制」。

夜晚的時間可以透過恆星來計算，儘管以哪些恆星作為計算的指標仍未完全明朗，但於西元前 1500 年完成的塞尼姆特（Senenmut）陵墓壁畫，便曾描繪出天狼星、獵戶座等合計

1. 何謂1天？

L字形的日晷

柏林‧埃及博物館館藏

塞尼姆特壁畫

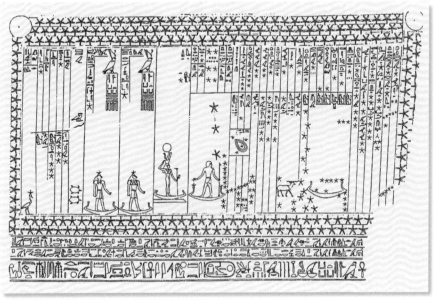

出自「DATING THE OLDEST EGYPTIAN STAR MAP」

36 顆恆星的記號。每顆恆星的角度相距約 10 度，每 10 天左右會在日出前從地平線升起（這稱作「偕日升」，heliacal rising），又叫「decan」（deca 有 10 的意思），只要計算依序升起的 decan 就能得知時間。順帶一提，古埃及的曆法將 1 週分為 10 天，1 個月為 30 天，1 年為 12 個月又 5 天。

古希臘歷史學家希羅多德（Herodotus），曾記載 1 天分為 24 小時的方法承繼自古巴比倫尼亞。儘管無法確認是否屬實，但古巴比倫尼亞確實使用過將 1 天分成 2 個時段、各 12 小時的計算方式，其時刻與現在使用的時刻相同。這種計算方式無關季節，以一定的間隔標示，稱為「定時制」。

到了西元前 2 世紀，古希臘天文學家希帕克斯（Hipparchus）發明了 1 天 24 小時的定時制，也就是現代時間的計算方式。這項概念由古希臘天文學家托勒密繼承，將 1 天的正午到隔天的正午訂為 0 時至 24 時，確立了天文時。

1小時為什麼有60分鐘？

在沒有精準時鐘的年代，想測量 1 分、1 秒都很困難，而且沒有意義，因此 1 小時該訂為幾分鐘並不構成問題。從另一方面來看，就計算上而言，60 可以被 2、3、4、5、6、10、12 等多個數字除盡的計算式非常方便，因此古巴比倫尼亞便將當時盛行的 60 進位法代入時間裡。

換言之，古人其實沒有分秒的概念，他們只是將 10 進位法的計算式，$1.234 = 1 + 2/10 + 3/10^2 + 4/10^3$ 以 60 進位法的 $1.234 = 1 + 2/60 + 3/60^2 + 4/60^3$ 取代，而我們將之稱為分、秒而已。

這種現象從英文的分鐘minute源自拉丁語的pars minuta prima（第一小單位），秒second源自pars minuta secunda（第二小單位）便可以得知，就像小數第一位、小數第二位一般。由於它是計算單位，因此還能延伸出第三、第四等無數個更小的單位。只不過秒以下的單位，現在幾乎都不使用了。

pars minuta prima（第一小單位）= minute（'）=分
pars minuta secunda（第二小單位）= second（"）=秒
pars minuta tertia（第三小單位）= third（'''）
pars minuta quarta（第四小單位）= forth（''''）

2. 日出、日落

旅行時偶爾會碰到晚上 9 點還很明亮、早上 7 點仍很昏暗，這類和平日感覺相異的狀況，提醒我們向來稀鬆平常的日升日落，對生活有著莫大的影響。

日常經驗告訴我們，日出在夏天較早、冬天較晚，日落在夏天較晚、冬天較早，而這些變化會因地點（緯度）產生大幅差異。

圖 2-2 是記錄東京、根室、石垣三地日出日落時間的圖表。如圖所示，根室的日出日落隨季節變化的幅度較大，相對的，石垣一整年則沒有明顯的變化。兩地元旦的日出時間只相差 30 分鐘，到了夏天卻相差 2 個小時以上。在本小節，我們將探討季節與地點所導致的日升日落的變化。

圖2-2　日出日落時刻比較

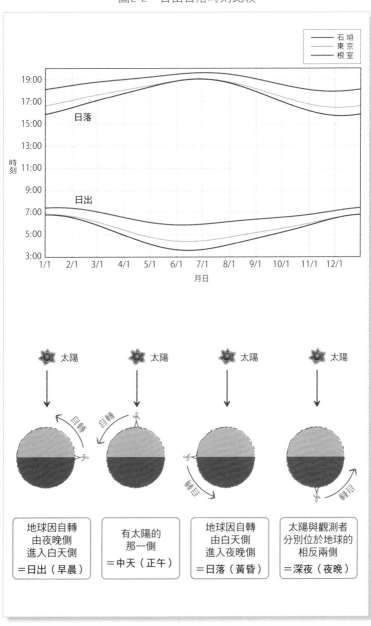

何謂日出、日落？

如同前一小節所述，日出是地球因為自轉，由夜晚側進入白天側的瞬間，相反的，日落是由白天側進入夜晚側的瞬間（黃色部分是照射到太陽光的白天側，藍色部分是陽光照不到的夜晚側）。

然而，各位知道地球的自轉軸位於圖 2-2（下方）的何處嗎？假設自轉軸位於地球的中心，也就是圓的中心，那便很好理解了，可是實際上並非如此。但也多虧這樣，日出日落才會隨著季節產生變化。

季節循環與日出日落

在第 1 章曾提及地球公轉與季節的關係。請看 29 頁圖 1-2，地球自轉軸並非與地球繞太陽公轉的軌道面（黃道面）垂直，而是呈 23.4 度的傾斜。因此，地球自轉軸的方向會隨著季節變化，詳細的內容請見以下各季節的敘述。

夏至的日出

如果從上方（與黃道面垂直的方向）與側面（黃道面上）來看，夏至的日出會如圖 2-3 所示。

從圖 2-3 可以得知許多訊息。首先，愈往北方，白晝的時間愈長，尤其到了北極一帶，太陽甚至不會西沉（永晝）。接著以經度相同的地點進行比較，可以發現愈往北方，日出的時間愈早。黃色與藍色的界線是同時迎向日出的地點，這條界線從西北往東南延伸，畫成簡易的地圖便會如圖 2-4 所示。

如此一來，愈往東北日出的時間愈早便顯而易見。太陽升起的方向與圖中相同，是正東方偏北。從北海道的東方迎接日出，到西南群島迎接日出，要花 2 個小時以上，這就是夏天的日出。

圖2-3　夏至的日出

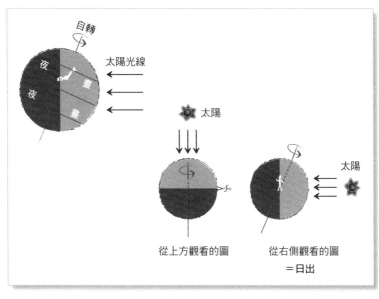

自轉

太陽光線

夜
夜

晝
晝

太陽

從上方觀看的圖

太陽

從右側觀看的圖

＝日出

圖2-4　夏至的日出時刻

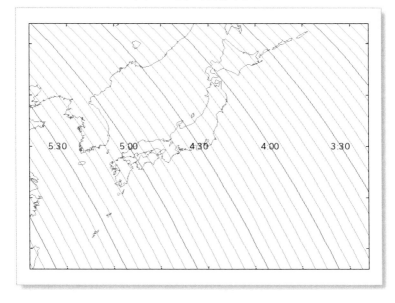

5:30　　5:00　　4:30　　4:00　　3:30

夏至的日落

接著來看夏至的日落（圖 2-5）。北極側仍然面對太陽，但日落與日出的位置剛好相反。

與先前的方法相同，以經度相同的地點進行比較，可以發現愈往北，日落的時間愈晚。黃色與藍色的界線是同時迎接日落的地點，這條界線從東北往西南延伸，畫成地圖便會如圖2-6 所示。如此一來，愈往西北日落的時間愈晚便一清二楚。太陽西沉的方向也與圖中相同，是正西方偏北。從千葉一帶迎接日落，到九州北部迎接日落，最多只需經過 30 分鐘左右，而札幌與京都的日落時間則幾乎相同，這就是夏天的日落。

冬至的日出日落

除了北極位於照不到太陽的方向之外，冬至日出日落的原理也與前述相同。結合夏至一起思考，可以發現緯度愈高，日出日落受季節變化的影響愈大，愈接近赤道受季節變化的影響愈小（圖 2-7）。

圖2-5　夏至的日落

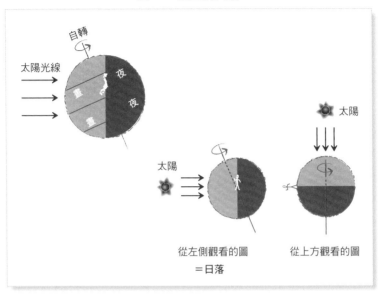

圖2-6　夏至的日落時刻

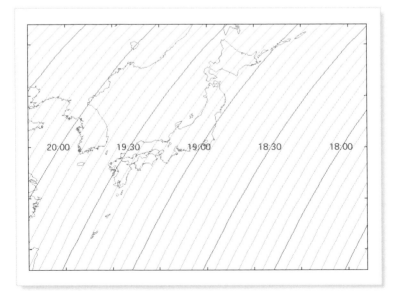

圖2-7　冬至的日出日落與時刻

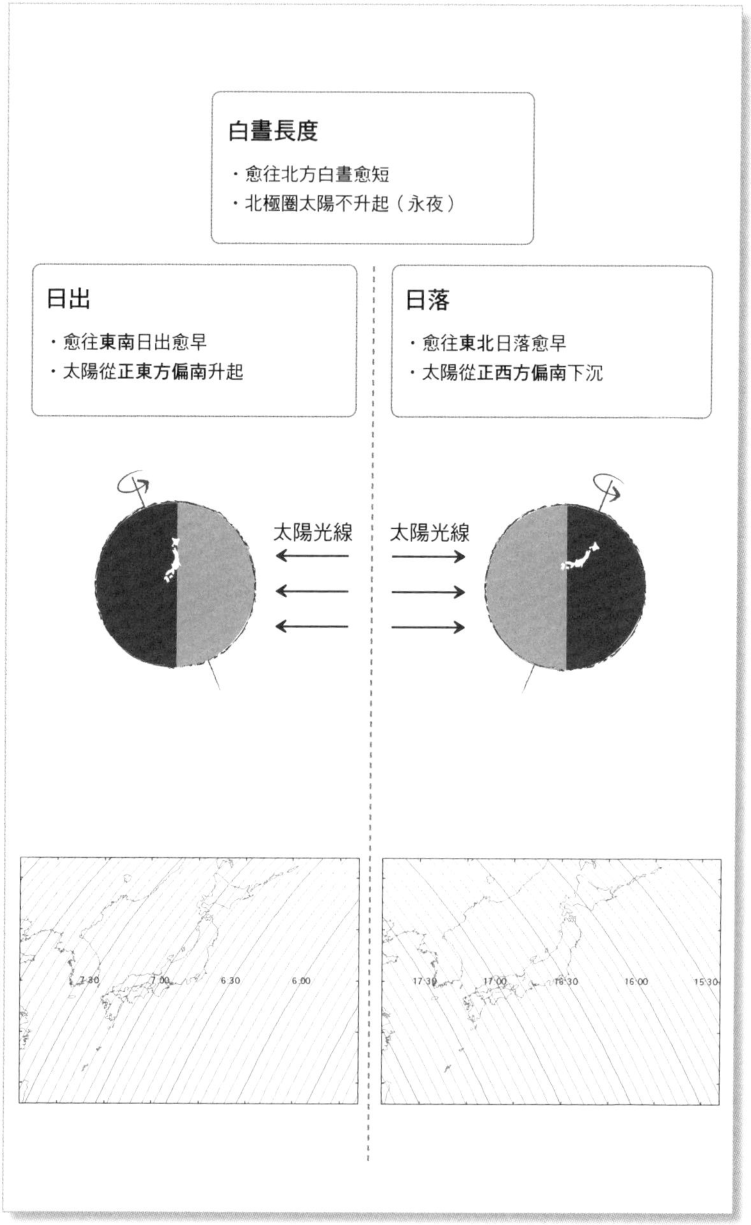

白晝長度

・愈往北方白晝愈短
・北極圈太陽不升起（永夜）

日出

・愈往**東南**日出愈早
・太陽從正東方偏南升起

日落

・愈往**東北**日落愈早
・太陽從正西方偏南下沉

太陽光線　太陽光線

春分、秋分的日出日落

春分及秋分之時，地球自轉軸與太陽垂直，日出日落的界線會順著經線延伸，因此愈往東方，日出日落的時間愈早，且白晝的長度在任何地點幾乎都相同。

所謂的東西方？

請見圖2-8，我們常以為由相同緯度連成的緯線恰好指向東西方，而太陽會出現在這些方向，但由於地球是圓的，因此會有些微差異。從A的角度來看，經線是連接北極與南極的線，因此明顯指向南北方，而東西方雖然與之垂直，但實際的方向卻是圖中藍色的實線，可以想像成把經線假訂為赤道時與之相對的經線。從B的角度來看也一樣。這些方向最終都集中於地球上的一點，從地心沿著該點的方向延伸，就能看見春分、秋分的太陽，因此太陽幾乎是從正東方升起、正西方下沉。

圖2-8　所謂的東西方？

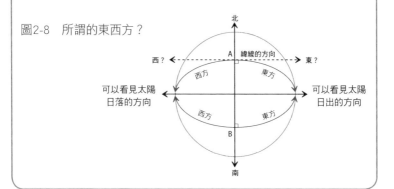

圖2-9　春分、秋分的日出日落與時刻

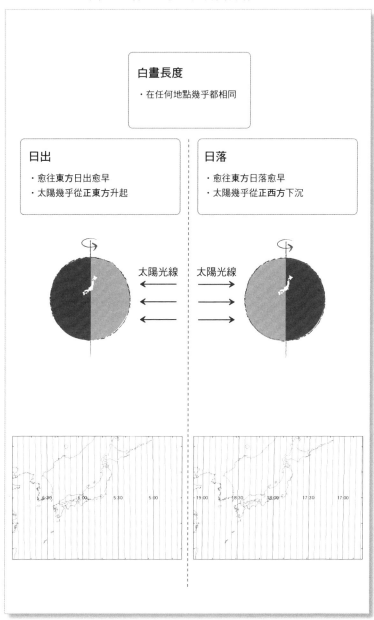

3. 日出日落的定義

　　在前一小節，我們已經介紹過日出日落是何種現象，以及隨季節與地點的不同將如何變化，此處再重述一次日出日落的定義。日出與日落，是太陽上緣與我們所看見的地平線（視地平線）或水平線相接的時刻。換句話說，日出就是太陽出現的瞬間，日落則是太陽完全隱沒的瞬間。

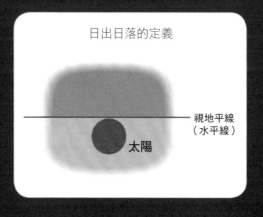

日出日落的定義

視地平線（水平線）

太陽

春分及秋分的白晝與夜晚等長？

　　這裡將白晝與黑夜定義為：白晝長度＝從日出到日落的時間，夜晚長度＝ 24 小時－白晝長度。例如 2012 年 3 月 20 日（春分），東京的日出為 5 點 45 分，日落為 17 點 53 分，那麼，白晝長度就是 17 點 53 分－ 5 點 45 分＝ 12 小時 8 分，夜晚長度則是 24 小時－ 12 小時 8 分＝ 11 小時 52 分。

　　我們常說春分及秋分的白晝與夜晚等長，其實兩者分別為 12 小時 8 分與 11 小時 52 分，中間有著 16 分鐘的差異，並非完全相等。但依照前述內容來看，應該是等長的，這又是為什麼呢？

　　答案就在日出日落的定義。

　　首先，由於日出日落的定義是看太陽的上緣，因此假設太陽的中心從上升到下沉的時間是 12 小時，光是太陽半徑的部分就會造成日出變早、日落變晚。將太陽的半徑換算成角度約為 15′，以 24 小時太陽繞 1 圈來思考，移動半徑的距離就須花費約 1 分鐘。

　　此外還有大氣的影響。日出日落是太陽上緣與視地平線相接的瞬間，這個視地平線會因大氣的影響形成光線折射，產生浮起來的效果，這代表我們看到的成像包含了大氣差異。大氣差異所造成的上浮程度會受氣溫、氣壓、濕度等條件影響而大幅變化[2]，因此要事先預測相當困難，我們先將此一差異假定為 35′8″。

＊2：因此，日出日落的時刻並非以秒為單位，而是以分為單位表示。

　　換句話說，在地平線上可以看到的，實際上是位於地平線下方 35'8'' 的事物，此一差異（2 分鐘多）便會造成日出提早、日落變晚。

　　假設不考慮大氣的影響，並以太陽的中心作為日出日落的基準，那麼就如前面所述，春分及秋分的白晝與黑夜將各占 12 小時等長。回過頭來看，太陽半徑及大氣的影響合計約 3 分鐘多，但由於日本附近的太陽是斜著升起的，因此還會多花一些時間，使日出提早約 4 分鐘，日落延遲約 4 分鐘。也就是說，白晝的長度為 12 小時＋約 4 分鐘＋約 4 分鐘，等於約 12 小時 8 分鐘。

　　順帶一提，若按照太陽斜著升起這點來看，春分及秋分時，太陽從正東方升起、正西方下沉，此一觀點便不正確。

　　那麼，為什麼我們會說春分及秋分的晝夜長度相等，且太陽從正東方升起、正西方下沉呢？因為江戶時代對日出日落的定義並未考慮大氣的影響，並且是以太陽的中心為基準。之所以如此，不是因為江戶時代缺乏這些知識，而是因為比起日出日落，當時的人們更重視黎明及黃昏（將於下一節說明）。

　　若從江戶時代的定義來看，則毫無疑問地，晝夜等長，且太陽從正東方升起、正西方下沉。現代的法國也以太陽的中心作為日出日落的基準，但這種定義並不普遍，須特別留意。

圖2-10　日出日落的定義造成的影響（以春分的日出為例）

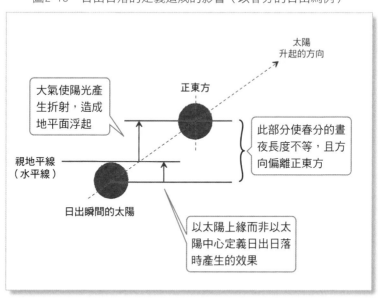

登山後日出變早

地球是圓的，因此眺望遠方時有一定的範圍界線，但只要登上高處就能看得更遠（圖 2-11）。太陽也是一樣，從高處往下觀看，也能見到位於更低處的太陽，此時日出便會提早，日落則會變晚。

常聽人問起日本元旦的第一道曙光出現在哪裡，由於日本包含了相距遙遠的南鳥島等多數島嶼在內，因此這裡只限定北海道、本州、四國、九州等區域。元旦與冬至相近，日出時刻地圖也與冬至的地圖類似。從圖 2-12 來看，可以發現千葉縣

犬吠埼的 6 點 46 分是最早看見元旦日出的地方。

接著，我們將標高的效果加上去。如此一來，便會發現標高 3776 公尺的富士山，日出變成 6 點 42 分，比犬吠埼早，可見標高的效果不容忽視。

然而，加上標高並不代表能得到更正確的日出時刻。這項登高眺遠的效果，只有在平地上唯有一處高起的狀況下才有效，若是整片土地都是高原則無法發揮效果，倘若在山間等周圍地勢較高的地方，反而會不容易看見地平線。

因此，想在山上觀看日出時，最好選擇視野良好的地點。當然，冬天的山上伴隨著一定的危險性，請務必注意安全。

圖2-11　加上標高時的日出日落

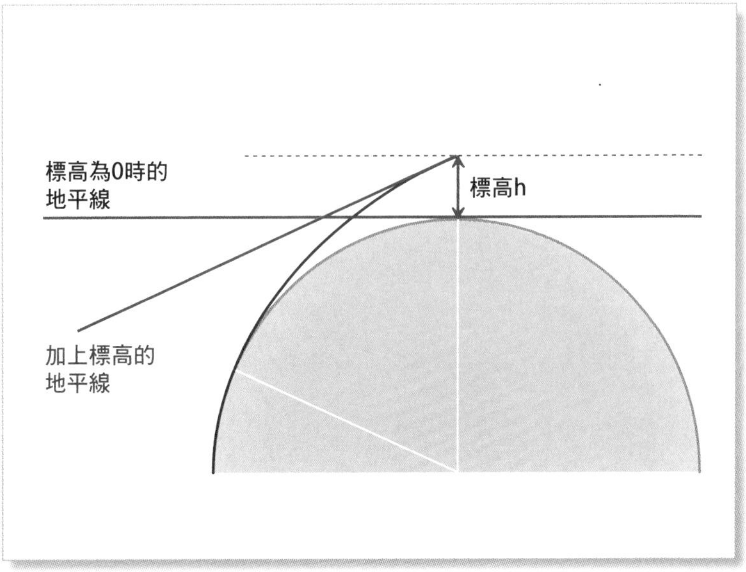

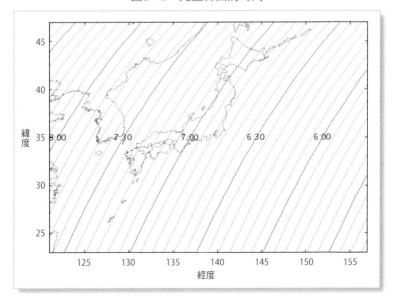

圖2-12　元旦日出的時刻

4. 黎明與黃昏

　　日出是太陽從地平線升起的瞬間，日落是太陽隱沒於地平線的瞬間。然而，這些瞬間並不會突然變亮或變暗。即使從地面上看不見太陽，只要爬到高處，也就是從高空中便能看見，這意謂著不論日出前或日落後，天空都是明亮的狀態。

　　這種日出前與日落後天空呈現明亮的狀態，在日本附近會持續 30 分鐘左右，我們將之稱為黎明（薄明）與黃昏（薄暮）。江戶時代將黎明稱為「明六」，將黃昏稱為「暮六」，並以此為基準過生活。

圖2-13　日出前天空明亮的原因

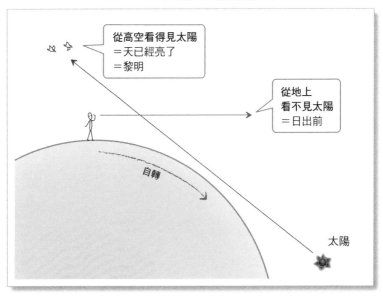

黎明與黃昏的長度

從圖 2-13 可以推測出，黎明與黃昏跟陽光是否照射到高空中，也就是與太陽的高度息息相關。另一方面，迎向日落的太陽會按照怎樣的軌道移動，則因地點（緯度）而異。例如在赤道附近，太陽會直接落入地平線，因此黃昏的時間變短；而太陽在日本附近則會傾斜落入地平線，比日本更北的地方，傾斜的角度會更大，黃昏也變得更長。在北緯 60 度以上的地區，夏至的太陽無法達到日落的高度，因此一整晚都會一直維持有光的狀態（永晝）。

此外，黎明與黃昏的長度還會隨季節變化。這點必須以

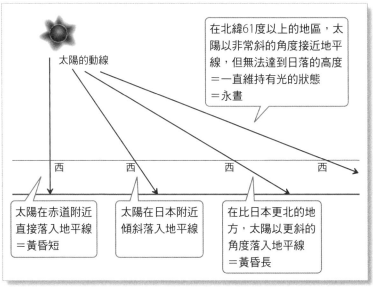

圖2-14　太陽的動線隨緯度而異

太陽的動線

在北緯61度以上的地區，太陽以非常斜的角度接近地平線，但無法達到日落的高度
＝一直維持有光的狀態
＝永晝

西　　　　西　　　　西　　　　西

太陽在赤道附近直接落入地平線
＝黃昏短

太陽在日本附近傾斜落入地平線

在比日本更北的地方，太陽以更斜的角度落入地平線
＝黃昏長

球面的概念來思考，或許有點難以想像，但總而言之，相對於春分、秋分的直線變化，夏至與冬至的太陽軌跡會呈現曲線，因此時間將拉得更長。

黎明與黃昏的定義

前面曾提到黎明與黃昏是由太陽的高度來決定，具體而言，其定義為太陽中心的俯角到達 7° 21'40'' 的瞬間。所謂俯角，就是俯視目標物時，視線與水平線間的夾角。可是將此數值定義為太陽的高度，不覺得有點太瑣碎了嗎？

其實這項定義的起源可以追溯至江戶時代的寬政曆。比寬

圖2-15　各季節日落前後的太陽動線（北緯35度）

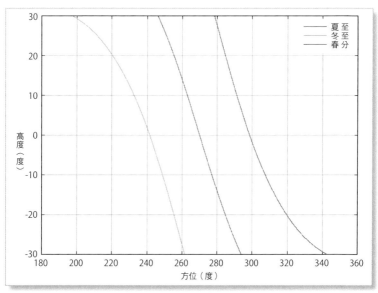

圖2-16　薄明與薄暮時間的變化（北緯35度、東經135度）

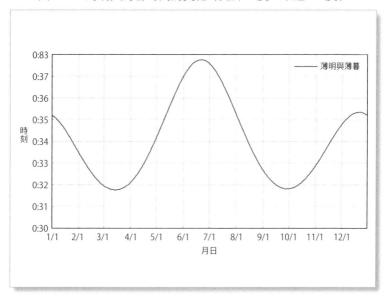

政曆更久以前的曆法，不分季節將日出前二刻半訂為明六，日落後二刻半訂為暮六，並將 1 天定義為百刻。計算下來，所謂二刻半指的就是 36 分鐘。但正如先前所述，黎明與黃昏的長度會依地點及季節而異，加上當時的時鐘並不如現代普及，因此實際上人們是藉由觀測天空的明亮程度來判斷時刻。因此寬政曆制定了更實際的定義——以太陽的高度為基準。具體而言，它將京都春分、秋分日出前二刻半的太陽高度，訂為 7° 21'40''。

圖2-17　俯角

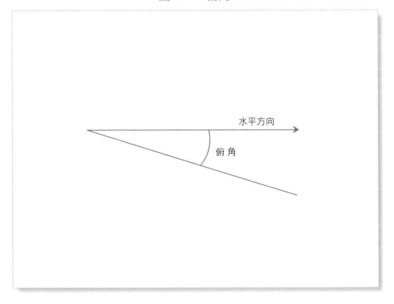

太陽的中天

1. 何謂太陽的中天？

　　中天就是天體來到正南方的瞬間，此瞬間的太陽高度（中天高度）是1天中最高的時候。由於太陽在日本會通過南方，因此日文將中天稱作「南中」，而太陽在南半球會通過北方，因此一般將太陽由東至西通過子午線的瞬間稱作「正中（中天）」，或「通過子午線」。

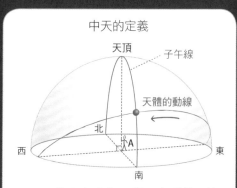

中天的定義

A的正上方為天頂，在環繞A的球面上，將南北與天頂連接起來的線稱作子午線。

中天高度的季節變化

　　太陽的中天高度會依季節產生變化。我們都知道太陽在夏天的位置較高，冬天較低，因此中天高度的季節變化也和日出日落相同，都能從與地球公轉及季節的關係來釐清。

　　請看圖 3-2，當太陽於某地點到達中天，代表在那瞬間地球因自轉使該地點面向太陽。而所謂中天高度，就是該地點的切面和太陽方向所形成的角度。由於地球自轉軸的方向與太陽的關係會隨季節變化，因此中天高度也將隨之改變。

圖3-1　地球的公轉

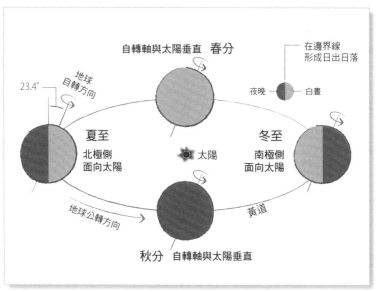

圖3-2　隨季節變化的中天高度

夏至

23.4度

緯度φ
赤道

中天高度
高
＝90－φ＋23.4度

春分、秋分

緯度φ
赤道

中天高度
中等
＝90－φ度

冬至

23.4度

緯度φ
赤道

中天高度
低
＝90－φ－23.4度

圭表儀全圖（出自寬政曆書）

圭
表
儀
全
圖

日本國立天文台圖書室藏書

以簡單的幾何學計算，可以得出春分、秋分的中天高度＝90 度－該地點的緯度，夏至的中天高度＝ 90 度－該地點的緯度＋ 23.4 度，冬至的中天高度＝ 90 度－該地點的緯度－23.4 度。

反過來看，透過中天高度的變化也能推算出季節的轉換。調查中天高度的變化並不需要複雜的裝置，只要在地面豎起 1 根木棒，觀測其陰影的長度就可以了（參照 81 頁圖 3-4）。實際上，最先導入日本獨立曆法的江戶幕府初代天文方的澀川春海，就曾以圭表儀這項儀器調查冬至將於何時到來。

中天高度與白晝長度

中天高度高，代表太陽位於高度較高的軌道，運行所耗費的時間也增多，因此白天的時間會變長。相反的，中天高度低則代表白天的長度會變短。

雖然夏至與冬至絕非以白晝的長度來定義，但由於夏至與冬至前後白天的長度變化微乎其微，因此要說夏至是白晝最長的日子，冬至是白晝最短的日子倒也無妨。

此外，以日出日落的時刻來計算白晝長度，偶爾會發現有些日子的白天比夏至長，或比冬至短，那是因為標示時間時是以分鐘為單位四捨五入，導致看起來如此。

中天高度與地球的周長

如圖 3-3 所示，從幾何學的關係來看，某兩地的中天高度差，相當於該兩地的緯度差。西元前 3 世紀，希臘數學家埃拉托斯特尼（Eratosthenes）便成功藉由經度相近的亞斯文與亞歷山大港兩地間的距離，以及兩者「中天高度差＝緯度差」的方式，推算出地球的周長。

從太陽的移動推測方位

方位真的可以透過指南針測量嗎？雖然指南針能夠指出地球的磁場方向——磁北，但此方向卻與北極的方位——正北方相異。兩者的差距依地點而異，以日本來說，相較於正北方，磁北向西偏了 5 ～ 9 度左右。如果不補上此一差距，就無法得出正北方。

有些人會認為，只要知道北極星的位置就能得出正北方，在今日看來，這並不構成問題，但由於天文學的「歲差」現象，使得北極星並非一直在正北方，而會緩慢地移動，因此古埃及人並不會用這個方法來測量方位。

太陽過中天時的位置在正南方，因此只要有鐘錶與太陽過中天時刻的資訊，就能從太陽當時的方位得出正南方。不過即便沒有這些資訊，也可以利用圖 3-4 的方法，透過觀察太陽的移動來測量方位。

圖3-3　埃拉托斯特尼測量地球周長的方法

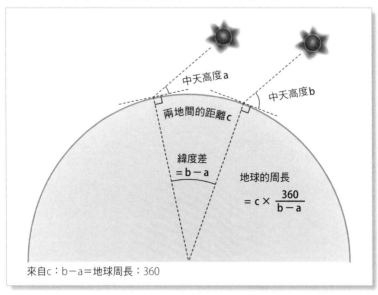

來自c：b－a＝地球周長：360

圖3-4　透過太陽的移動測量方位

影子長度最短時就是中天，此時影子的方位是正北方。但由於此時前後的影子長度變化極小，因此要得出正確的方位有一定的難度。

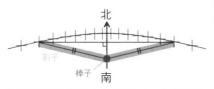

將相同長度的影子尖端連接起來，再畫出與之垂直的線，就能得出南北方位。

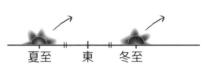

透過日出與日落也能得知方位。日出最北點與日出最南點兩者的中央，就是東方。

第2章　太陽的中天　第3章

2. 中天時刻代表的意義

　　中天時太陽位於正南方，此時從該地點往南方直線移動，太陽看起來還是在正南方。這代表位於相同經度的地點，太陽將不受緯度影響，一律位於中天位置。地球自轉 1 小時後，太陽會往西移 15 度的經度並通過中天，2 小時後往西移 30 度的經度並通過中天……，24 小時，也就是 1 天後，在往西移 360 度的地方，也就是相同的地點再次通過中天。由於地球自轉的速度幾乎不變，因此太陽會規律地於每天中午經過中天，不受季節影響。

反過來說，只要按經度修正時刻，就能制定出從任何地點觀測，太陽都會在正午通過中天的時間標準。但按照經度改變時刻太過麻煩，一般都是讓經度相近的範圍使用相同時刻，稱為標準時間。日本是以世界協調時＋9 為標準時間（台灣為世界協調時＋8），這項結果雖然使太陽在 12 點通過經度 135 度的中天，但以東太陽的中天時刻會早於 12 點，以西則會晚於 12 點。換句話說，一般所謂的中天並不限於 12 點。

中天時刻會變化

即便中天時刻不是 12 點，只要地球以相同的速度自轉，太陽仍會在每天相同的時刻來到中天。然而，實際將在北緯 35 度、東經 135 度（兵庫縣西脇市）觀測到的中天時刻記錄成圖表，則如圖 3-5 所示。

這是因為除了地球自轉之外，地球公轉也會影響中天。地球自轉 1 周的同時也在進行公轉。由於 1 天指的是太陽從中天再到中天的時間，因此地球光自轉 360 度是不夠的，必須將地球公轉所移動的部分多自轉回來（圖 3-6）。

這些必須多自轉的角度若固定不變，中天時刻倒也不會變化，但實際上，地球的運行遵循克卜勒運動定律（圖 3-7），加上地球自轉軸與公轉面並非垂直而是呈現傾斜（圖 3-8），因此中天時刻便會如圖 3-9 所示，產生複雜的變化。

圖3-5　中天時刻的季節變化（北緯35度，東經135度）

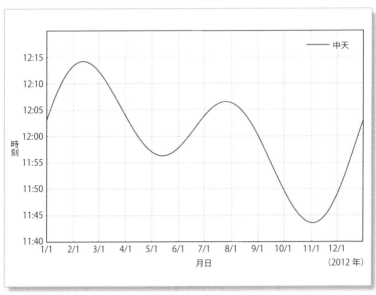

圖3-6　地球自轉與1天

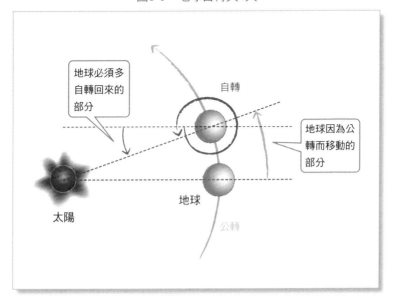

圖3-7　克卜勒運動定律所產生的效果

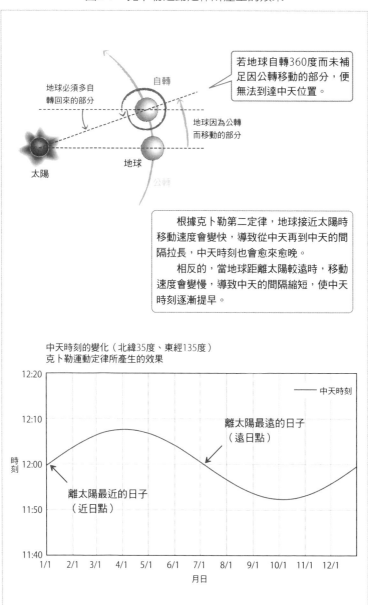

地球必須多自
轉回來的部分

自轉

若地球自轉360度而未補
足因公轉移動的部分，便
無法到達中天位置。

地球因為公轉
而移動的部分

太陽

地球

公轉

根據克卜勒第二定律，地球接近太陽時
移動速度會變快，導致從中天再到中天的間
隔拉長，中天時刻也會愈來愈晚。
　　相反的，當地球距離太陽較遠時，移動
速度會變慢，導致中天的間隔縮短，使中天
時刻逐漸提早。

中天時刻的變化（北緯35度、東經135度）
克卜勒運動定律所產生的效果

時刻

中天時刻

離太陽最遠的日子
（遠日點）

離太陽最近的日子
（近日點）

月日

圖3-8　自轉軸傾斜所產生的效果

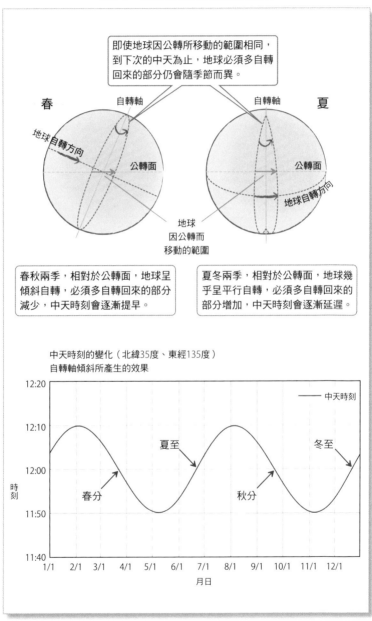

即使地球因公轉所移動的範圍相同，到下次的中天為止，地球必須多自轉回來的部分仍會隨季節而異。

春　　　　　　　　　　　　　　　　　夏

自轉軸　　　　　　　　　　自轉軸

地球自轉方向　　　　　　　　　　　　公轉面　　　公轉面

地球自轉方向

地球因公轉而移動的範圍

春秋兩季，相對於公轉面，地球呈傾斜自轉，必須多自轉回來的部分減少，中天時刻會逐漸提早。

夏冬兩季，相對於公轉面，地球幾乎呈平行自轉，必須多自轉回來的部分增加，中天時刻會逐漸延遲。

中天時刻的變化（北緯35度、東經135度）
自轉軸傾斜所產生的效果

— 中天時刻

夏至

冬至

春分

秋分

時刻

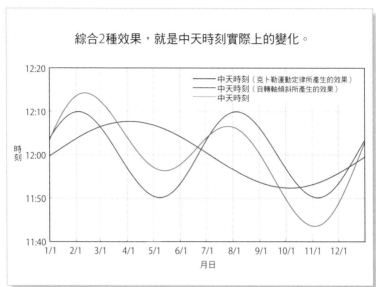

圖3-9　中天時刻的變化（北緯35度、東經135度）

綜合2種效果，就是中天時刻實際上的變化。

中天時刻（克卜勒運動定律所產生的效果）
中天時刻（自轉軸傾斜所產生的效果）
中天時刻

時刻

月日

日出日落提早或變晚的日子

　　將在北緯35度、東經135度觀測到的日落時刻製成圖表，就會如圖3-10的藍線所示。在前一節我們曾經提過，白天的長度將在夏至迎接巔峰、冬至到達低峰，但仔細一看，會發現這個圖表中的夏至及冬至並未達到巔峰及低峰，而且變化的樣子也不對稱。為什麼會呈現這麼複雜的結果呢？

　　答案就在中天時刻的季節變化。光是中天時刻與12點之間的時差，就會造成日出日落的偏移。紅線是將中天時刻偏移的時差補正到日落內的結果。如此一來夏至和冬至就會分別落在巔峰及低峰兩點，成為對稱性的圖表。

第2章

太陽的中天

第3章

圖3-10　日落時刻的季節變化（北緯35度、東經135度）

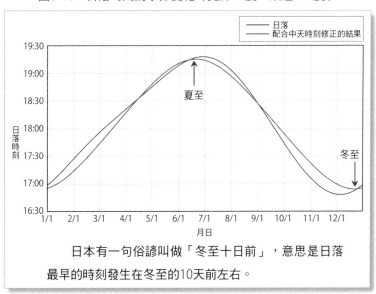

日本有一句俗諺叫做「冬至十日前」，意思是日落
最早的時刻發生在冬至的10天前左右。

第 4 章

月的圓缺

1. 月的圓缺

　　1天的概念來自太陽的運動，但昨天的太陽與前天的太陽幾乎沒有差異，若不仔細留下紀錄，對事物的記憶很快就會產生混淆。相對的，與地球最接近的天體——月亮不單是明亮、美麗而已，它的最大特色是形狀與可觀測的時間帶都會隨著圓缺週期產生變化。因此，人類自遠古以來便會仰賴月的盈虧來計算日期。

為什麼月亮會產生盈虧？

　　月亮是繞著地球旋轉的衛星，藉由反射陽光產生光輝。當月亮與太陽位於同一方向時，稱為新月（朔月），由於沒照到陽光的那一面面向地球，因此我們看不見月亮。當月亮因公轉移動位置，光亮的部分會漸漸顯露出來（蛾眉月）。再繼續移動的話，就能看見月亮的一半在發亮（上弦月），當月亮與太陽位於相反的方向，我們就能觀測到一輪皎潔的明月，也就是滿月（望月）。過了滿月之後，光亮的部分則會隨著月亮的移動減少。於是我們又會看見只有一半發亮的月亮（下弦月），然後月亮再度回到與太陽相同的方向，迎接新月（圖4-1）。

　　以上從新月→上弦月→滿月→下弦月→新月的循環週期大約是 29.53 天，1 個月的概念由此誕生。此外，如同從新月變為上弦月，月亮每 7 天左右就會大幅變化，此為 1 星期概念的雛型，這在前面已經敘述過了。

　　月亮運行的軌道面與地球環繞太陽的軌道面（黃道面）相近，因此一般可透過這些面上的角度（黃經差）來測量月亮離太陽多遠。說得具體一點，從地球觀看太陽與月亮時，當兩者角度呈現 0 度（呈一直線）為新月，90 度為上弦月，180 度為滿月，270 度則是下弦月。

　　一般人的概念認為，一整晚都能觀測到滿月，但以天文

圖4-1　月亮的盈虧

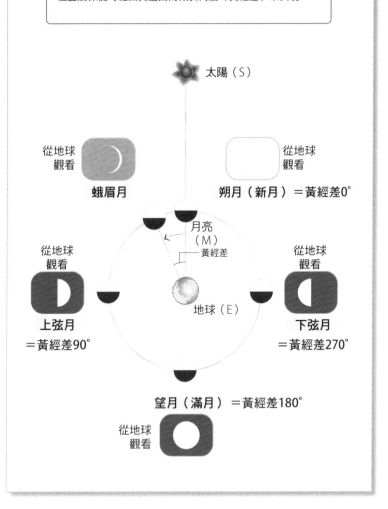

學而言，滿月的定義是月亮與太陽符合相對位置的瞬間，因此
會以嚴格的時刻來規定。

　　此外，現在的伊斯蘭教圈使用的是以「新月」作為每月第
1天的太陰曆，但這裡的「新月」指的並非和太陽位於同一方
向而隱沒的月亮，而是經過1～2天，在黃昏時觀測到的細
細彎月。這裡在用語上做出區別，以朔月稱呼而非新月，以望
月稱呼而非滿月，為的就是如此。

　　在中國古代，人們會藉由彎月的位置，回溯月亮與太陽方
位一致的時刻，並定義為新月，這就是朔月此一名稱的由來。

2. 關於月齡

　　在太陰太陽曆上，每月的 1 日一定是新月，15 日時是滿月，日期與月亮的圓缺彼此連動，但在太陽曆上卻完全沒有關聯。為了更簡單地表示月亮的圓缺，人們便想出了「月齡」這項指標。事實上，在明治 6 年導入太陽曆之後，以太陰太陽曆計算的日期仍被記載在官方的曆書上，而明治 43 年之後則將這項紀錄改記成正午月齡。

何謂月齡？

　　月齡是將朔月開始經過的時間，以日為單位記錄的數據。例如，以 3 月 1 日 0 點 0 分為朔月，將此瞬間記為月齡 0.0，3 月 1 日 12 點 0 分記為月齡 0.5，3 月 2 日 0 點記為月齡 1.0，3 月 2 日 12 點記為月齡 1.5，依序推算。月齡會在每天過後增加 1，直到朔月又回歸 0.0。

　　月齡可以任意時刻來定義。但由於每天可看見月亮的時間都不相同，因此很難決定該以何時為基準，不過就曆法來看，上面記載的月齡一般是以正午為基準，稱為正午月齡。

月亮的稱呼

　　太陰太陽曆的新月（朔月）相當於月齡 0.0，是每月的 1 日（又稱朔日，發音與日文的 1 日相同）。由於月齡每天會增加 1，因此月齡 1.0 的日子在太陰太陽曆上會標示為 2 日，月齡 2.0 的日子則標示為 3 日。在 3 日黃昏由西邊天空升起的月亮，稱作蛾眉月，日文的另一寫法是「朏」。就上述嚴格的定義而言，蛾眉月從朔月開始只經過 2 天，可觀測到的形狀非常細，但在一般用語上卻以形狀稍粗的蛾眉月來稱呼。法語稱為 croissant（可頌），也是蛾眉月造型的麵包名稱。

　　再經過幾天就會迎向上弦月。上弦月與下弦月（弦月）的形狀又稱為半月或弓張月。上弦月的平均月齡相當於朔望週期（29.53 天）的 1/4，也就是 7.4 天，但由於月亮的軌道

是橢圓形，因此會在 6.6 ～ 8.2 天左右波動。

太陰太陽曆的 15 日月齡為 14.0，與朔望週期的一半相近，因此這天晚上，也就是十五夜所出現的月亮幾乎都是滿月（望月）。而太陰太陽曆的 8 月 15 日更被訂為「中秋節」，自古便流傳著賞月的習俗。實際上，望月的月齡與上弦月相同，也會在 13.9 ～ 15.6 天左右波動，因此十五夜未必會與滿月的日期一致，但由於從月齡來推算相當方便，因此我們大多仍將十五夜視為滿月。

此外，在日本的習俗中，還有十三夜月（13 日）、十六夜月（16 日）、立待月（17 日）、居待月（18 日）、寢待月（19 日）、更待月（20 日）、有明月（黎明後仍未隱沒的殘月）等各式各樣月亮的稱呼。

順帶一提，日、美、歐在智利阿塔卡瑪沙漠建設的 ALMA（阿塔卡瑪大型毫米／次毫米陣列）望遠鏡中，日本天線公司（共 16 台）的綽號便被訂為「十六夜（いざよい）」。

3. 月出月落與中天

　　月亮觀測是暑假作業中一定會出現的項目，每年暑假快結束時，曆法計算室就會接到許多關於「怎麼看不見月亮？」的諮詢。為了不讓大家到了緊要關頭才著急，讓我們一起來了解月出月落的情況吧。

月出月落、中天與月亮的圓缺

當月亮處於新月時，距離太陽很近，因此月亮會和太陽一樣於早晨升起，中午通過中天，黃昏時下沉。隔天，當地球對著太陽自轉 1 圈時，由於月亮會逆時針公轉（圖 4-2），因此地球必須將月亮移動的部分多自轉回來，月亮才能通過中天。換句話說，月亮過中天時刻會一天比一天晚。

按照這套理論，我們可以得知新月與太陽過中天時刻一致時，上弦月會在太陽過中天後約 6 小時通過中天，滿月會在太陽過中天後約 12 小時通過中天，而下弦月則會在太陽過中天後約 18 小時通過中天。

將月出月落一併整理進來，則月亮的盈虧、升落、中天的關係會如下表所示。

	月出	月中天	月落
新月	早晨	中午	黃昏
上弦月	中午	黃昏	夜晚
滿月	黃昏	夜晚	早晨
下弦月	夜晚	早晨	中午

當暑假快結束時碰到下弦月，不論在黃昏時分如何尋找月亮都會找不到。

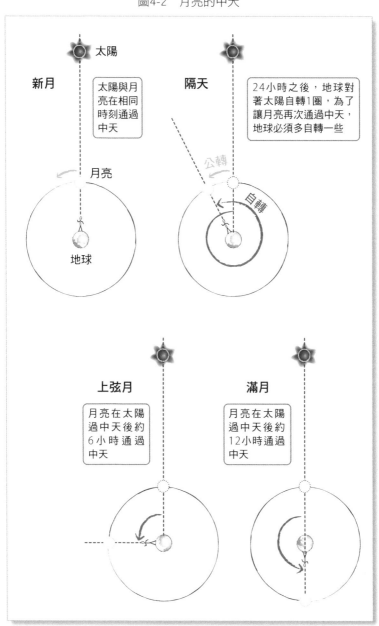

圖4-2　月亮的中天

太陽

新月

> 太陽與月亮在相同時刻通過中天

月亮

地球

隔天

> 24小時之後，地球對著太陽自轉1圈，為了讓月亮再次通過中天，地球必須多自轉一些

公轉

自轉

上弦月

> 月亮在太陽過中天後約6小時通過中天

滿月

> 月亮在太陽過中天後約12小時通過中天

月出月落、沒有中天的日子

月亮過中天時刻會一天比一天晚，代表月亮過中天時刻的間隔比 1 天還長，平均約為 1.035 天（1天＋50 分鐘左右）。

因此，假設月亮在 10 日的 23 點 30 分通過中天，則下次月亮通過中天的時間會在 1.035 天後，也就是 12 日的 0 點 20 分，導致 11 日的月亮不會通過中天。

在報紙的日曆欄中，若月亮過中天時刻標示為「— —」，則代表當天的月亮沒有過中天的時刻。相同的道理，有些日子也會缺乏月出或月落。

擷取自日本國立天文台網頁

為什麼會發生
日食與月食？

1. 何謂日食？

　　日食就是從地球觀測到的太陽與月亮，幾乎排列在一直線上，導致太陽的部分或全部被月亮遮住而隱沒的現象。太陽部分隱沒稱為日偏食，全部隱沒稱為日全食，殘留外環輪廓沒有完全隱沒稱作日環食。近年來，日全食曾於 2009 年 7 月 22 日發生在鹿兒島的吐噶喇列島及硫磺島海域。而 2012 年 5 月 21 日發生的日環食則在許多地方都能觀測到。

　　即使日全食在大白天發生，周圍也會陷入一片黑暗，甚至能觀測到日冕、日珥、鑽石環等神祕現象。受日全食的魅力吸引，進而到世界各地追尋最佳觀賞地點的日食迷或日食狂熱者也日漸增多。

日全食

攝影：福島英雄、宮地晃平、片山真人

日環食

攝影：福島英雄、坂井真人

日食的原理與種類

太陽與月亮重疊是怎麼一回事呢？關於這點可以透過以下範例來思考（圖 5-1）。

首先從 D 的位置來看，太陽與月亮完全沒有重疊，而且彼此分離。雖然太陽比月亮大了 400 倍，但由於太陽與地球的距離也比月亮與地球的距離遠了 400 倍，因此兩者大小看起來幾乎相同。

接著，從站在太陽與月亮交叉線的 A 來看，太陽在下方，月亮在上方，兩者看起來彼此相連。從 A 的位置往內移，太陽的一部分看起來像不見，稱為日偏食。A 內側的區域稱為半影區。

接著，從站在太陽與月亮外側連線的 B 來看，太陽完全被月亮遮住了，稱為日全食。B 內側的區域稱為本影區。

最後，從站在本影線延長交叉處的 C 來看，太陽並非完全隱沒，而會留下外環輪廓，稱為日環食。

由於地球與月亮的運行均遵守克卜勒運動定律，且軌道呈現橢圓形，因此距離並非一定，而是忽遠忽近。在地球上能觀測到怎樣的日食，將視月亮投射在地球上的陰影而定。

當月亮靠近地球時（圖 5-2 上），本影會投射到地球上，此時站在本影區可以觀測到日全食，站在半影區則會看見日偏食。相反的，當月亮遠離地球時（圖 5-2 下），本影將無法投

圖5-1　日食的原理與種類

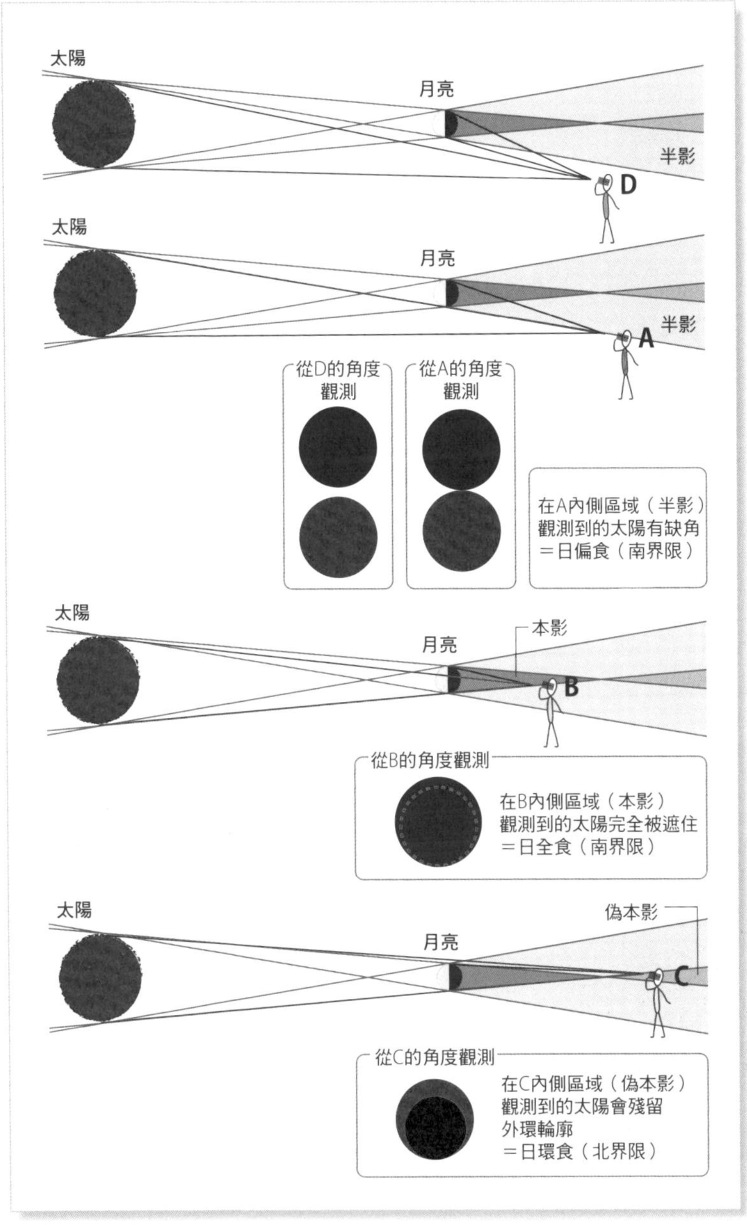

太陽

月亮

半影

D

太陽

月亮

半影

A

從D的角度
觀測

從A的角度
觀測

在A內側區域（半影）
觀測到的太陽有缺角
＝日偏食（南界限）

太陽

月亮

本影

B

從B的角度觀測

在B內側區域（本影）
觀測到的太陽完全被遮住
＝日全食（南界限）

太陽

月亮

偽本影

C

從C的角度觀測

在C內側區域（偽本影）
觀測到的太陽會殘留
外環輪廓
＝日環食（北界限）

圖5-2　月亮接近地球時與遠離地球時

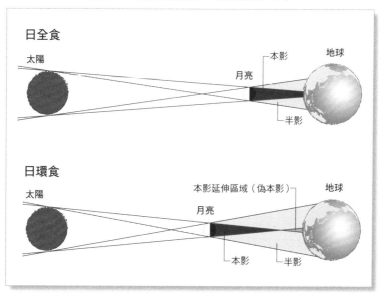

日出時觀測到的日全食（2007年3月19日）
與日環食（2011年1月4日）

日本國立天文台／JAXA提供

射到地球上，此時站在本影延伸區域會看見日環食，站在半影區則可觀測到日偏食。

當影子向南北偏移，只有半影投射到地球上時，有時便只能觀測到日偏食。但在環繞地球的人工衛星上，仍可觀測到日全食與日環食。

美麗的偶然

本節一開始曾提過，太陽比月亮大了約 400 倍，但與地球的距離也比月亮遠了 400 倍，因此看上去大小一致。只有站在本影的尖端時，月亮與太陽的大小才會剛好相同。當月亮大一點或離地球較近時，便只能觀測到日全食，當月亮小一點或離地球較遠時，則只能看見日環食。

這種遠近變化造成了兩種極富觀賞性的日食，是非常珍貴的偶發現象。當此遠近變化達到地球半徑長度的極端狀況時，日環食與日全食會交替出現，稱為混合型日食（圖 5-3）。

1. 何謂日食？

圖5-3　混合型日食

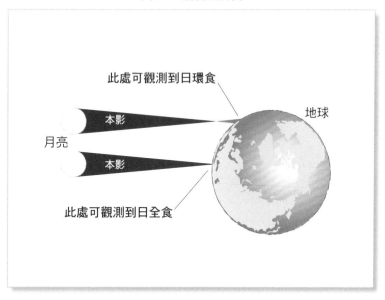

此處可觀測到日環食

本影

地球

月亮

本影

此處可觀測到日全食

2. 何謂月食？

　　2011 年 12 月 10 日的月全食，各位看到了嗎？月全食之前也出現過，但在日本能夠從頭到尾全程觀測到已是 11 年前——2000 年 7 月 16 日的事了。

　　所謂月食就是月亮跑到地球的陰影裡，使得月亮看似缺角的天文現象，雖然稱為月全食，但這時月亮並非全黑，而是反射著赤銅色的光，就像照片一樣顯現出神祕的紅色。讓我們在本章一起探討月食的原理吧。

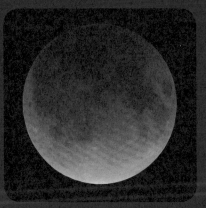

日本國立天文台提供

月食的原理與種類

月亮是藉由反射陽光而發亮，當月亮跑到地球的陰影裡，陽光會被遮住，導致月亮看起來缺了一塊，這種現象稱為月食。據說亞里斯多德（西元前 4 世紀）就是透過月食時覆蓋月亮的地球陰影形狀，推論出地球是圓的。

與日食發生時相同，地球的陰影也有本影與半影之分，當月亮跑到半影區中，稱作半影月食；月亮的一部分跑到本影區中，稱作月偏食；而整顆月亮跑到本影區中，則稱作月全食。

可能會有人覺得「咦？怎麼和日食的時候不一樣」，其實只要從月亮的角度來觀察就知道了。從月球表面跑到半影區的地點觀測，可以看到由地球引起的日偏食。太陽看起來像是缺了一塊，這代表照射到月球的陽光減少，也就是該地點的反射變弱，因此月亮會變暗，形成半影月食（圖 5-4）。

當月亮跑到本影區中，可以從該地點觀測到由地球引起的日全食。被本影覆蓋的地點因照不到陽光而變暗，沒被本影覆蓋的地方則因照得到陽光而呈現光亮，因此我們才能觀測到月偏食。接著，若整顆月亮跑到本影區中，則全部都會變暗，形成月全食。

當月亮與太陽的位置關係偏離南北向，有時就只能觀測到月偏食或半影月食。不過有一點和日食不同，那就是地球十分龐大，因此不會產生月環食的現象。

圖5-4　月食的原理

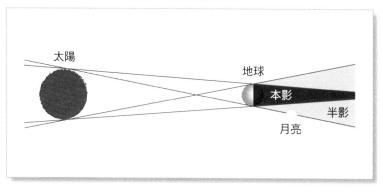

月全食的顏色

前面曾提過，當整顆月亮跑到地球的本影區中就會產生月全食。那麼，為什麼整個月亮位於本影區時不是全黑的呢？這是因為受到地球大氣的影響。

在第 2 章中曾解釋過，地平線上的太陽會受大氣影響而導致看起來上浮 35'。當太陽光線與太陽到地球的連線平行，其光線擦過地球邊緣時會產生折射，偏離地球邊緣 35'，等到光線通過大氣後會再次折射 35'，合計起來比一開始的方向偏了 70'，也就是約 1° 10'。

另一方面，從月亮觀測到的地球半徑，換算成角度約為 1°，因此折射後的光線仍可到達月球。實際上，日本發射的月球人造衛星「輝夜姬」，便曾成功拍攝到由地球引起的日全食，從照片中可以得知即使地球大得將太陽完全遮蔽，邊緣依舊閃閃發亮。

圖5-5　月全食時陽光依然會照射到月球

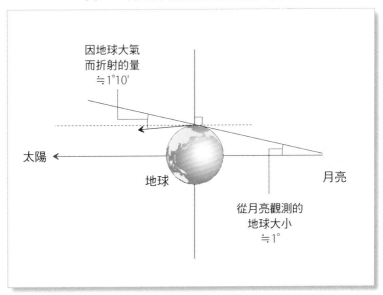

　　位於地平線上的太陽，也就是日出及日落時的太陽，之所以會閃耀紅色的光芒，是因為藍光在大氣層中容易被散射掉，使紅光增強的緣故。當月全食發生時，陽光要抵達月亮必須通過日出日落時雙倍的距離，因此看起來會更加鮮紅。而這個紅色的光芒就會成為月全食時月亮的顏色。

　　此外，這個顏色還會隨大氣的狀態改變。過去就曾經發生因大規模的火山活動，導致空氣中布滿火山灰，使月全食的月亮過於昏暗而幾乎看不見的情況。

從輝夜姬上觀測到由地球引起的日全食

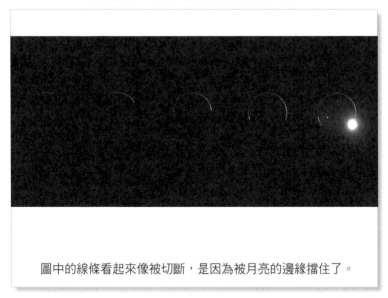

圖中的線條看起來像被切斷，是因為被月亮的邊緣擋住了。

第5章

為什麼會發生日食與月食？

3. 日食與月食
何時會發生？

　　曆法的本質是透過長年觀測以掌握現象的週期性，並藉此預測該現象下一次將於何時發生。冬至或新月的預測，即使不準也不太容易被發現，但日食與月食的預測一旦產生偏差，馬上就會被看穿。因此，曆法的好壞便可藉由日食與月食的預報精準度來判斷，對江戶幕府天文方而言，這部分的改良就成了最重要的課題。

日食的週期

　　日食是月亮與太陽排列成一直線，導致太陽被月亮遮蔽的現象。雖然新月也是太陽與月亮位於同方向時所引起的現象，但正如圖 5-6 所示，月亮的軌道與太陽的軌道（實質上是地球繞著太陽公轉，但從地球來看，就像太陽繞著地球旋轉）呈現 5.1 度的傾斜，因此日食並不會發生在每一次的新月。只有當新月通過 2 個軌道的交點附近時，才會出現日食。

圖5-6　日食不會發生在每一次的新月

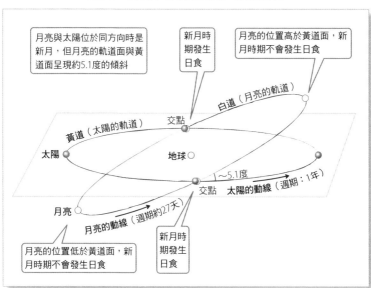

從地球來看，太陽 1 年會繞軌道 1 圈，而新月通過軌道交點的機率，約半年會發生 1 次。因此，若某天發生日食，則下次出現的時間大約在半年後，也就是約 6 個朔望月之後。

以下為日食的一覽表，我們將個別的時間間隔以朔望週期（29.530589 天）來除除看，結果會發現幾乎所有的間隔都是 6 個朔望月，不過偶爾也會有 5 個朔望月或 1 個朔望月的間隔交雜其中。透過更長期的調查則會發現，它們出現的順序擁有一定的規律性。

日食一覽表

年 月 日	時刻	種類	沙羅序列*	在日本觀測到的現象
2000年02月05日	21點19.8分	日偏食	150	
2000年07月02日	4點30.1分	日偏食	117	
2000年07月31日	10點52.0分	日偏食	155	
2000年12月26日	2點25.9分	日偏食	122	
2001年06月21日	20點57.8分	日全食	127	
2001年12月15日	5點44.9分	日環食	132	
2002年06月11日	8點48.2分	日環食	137	各地皆可看見日偏食
2002年12月04日	16點38.7分	日全食	142	
2003年05月31日	13點38.2分	日環食	147	
2003年11月24日	8點20.2分	日全食	152	
2004年04月19日	21點29.4分	日偏食	119	
2004年10月14日	11點00.4分	日偏食	124	除了沖繩、九州南部之外，皆可看見日偏食
2005年04月09日	5點15.6分	混合型日食	129	
2005年10月03日	19點10.7分	日環食	134	
2006年03月29日	19點33.3分	日全食	139	

＊關於沙羅週期將在第118頁說明。

年 月 日	時刻	種類	沙羅序列*	在日本觀測到的現象
2006年09月22日	21點07.2分	日環食	144	
2007年03月19日	12點33.1分	日偏食	149	在東北、北海道、西日本的部分地區可觀測到日偏食
2007年09月11日	22點42.7分	日偏食	154	
2008年02月07日	12點08.8分	日環食	121	
2008年08月01日	18點47.4分	日全食	126	在利尻島、禮文島、對馬等地為日沒帶食
2009年01月26日	16點46.4分	日環食	131	在八重山諸島為日沒帶食
2009年07月22日	11點33.0分	日全食	136	在吐噶喇列島可觀測到日全食，在各地可觀測到日偏食
2010年01月15日	16點20.3分	日環食	141	在西日本為日沒帶食
2010年07月12日	4點50.9分	日全食	146	
2011年01月04日	18點15.2分	日偏食	151	
2011年06月02日	6點22.0分	日偏食	118	在北日本可觀測到日偏食
2011年07月01日	18點05.5分	日偏食	156	
2011年11月25日	15點31.3分	日偏食	123	
2012年05月21日	8點59.1分	日環食	128	在本州南部可觀測到日環食，在各地可觀測到日偏食
2012年11月14日	7點18.1分	日全食	133	
2013年05月10日	9點19.7分	日環食	138	在南鳥島可觀測到日偏食
2013年11月03日	21點38.8分	混合型日食	143	
2014年04月29日	14點37.8分	日環食	148	
2014年10月24日	6點11.4分	日偏食	153	
2015年03月20日	19點17.1分	日全食	120	
2015年09月13日	16點35.3分	日偏食	125	
2016年03月09日	11點05.7分	日全食	130	在各地可觀測到日偏食
2016年09月01日	18點18.1分	日環食	135	
2017年02月26日	23點38.8分	日環食	140	
2017年08月22日	3點13.2分	日全食	145	
2018年02月16日	5點15.1分	日偏食	150	
2018年07月13日	12點09.1分	日偏食	117	
2018年08月11日	18點20.1分	日偏食	155	
2019年01月06日	10點43.7分	日偏食	122	在各地可觀測到日偏食
2019年07月03日	4點21.7分	日全食	127	
2019年12月26日	14點14.6分	日環食	132	在各地可觀測到日偏食，在東日本為日沒帶食
2020年06月21日	15點41.4分	日環食	137	在各地可觀測到日偏食
2020年12月15日	1點18.2分	日全食	142	

　　日食程度將受月亮在新月之際，距離太陽有多近而定。圖5-6畫出了從地球觀測到的太陽與月亮的位置關係，當新月出現在離軌道交點愈近的位置，日食程度就愈大（圖5-7）。這段太陽與月亮間的距離，可透過以交點為基準計算的月亮週期「交點月」（27.212221天）來大致推算。

　　在此稍微計算一下，結果會發現242個交點月與223個朔望月幾乎相等，都是18年又11天左右。這意謂著從某次日食開始經過18年又11天之後，太陽與月亮會在離交點相同距離處再次相遇。更進一步地說，先前敘述過的6、5、1個朔望月的列表，也是透過這個週期成一循環，稱為「沙羅週期」，據說這在西元前6世紀就已經被發現了。

　　想預測會發生環食或全食，一定要有距離的資訊，這點可以透過月亮的遠近週期「近點月」（27.554550天）來推算。但由於239個近點月與沙羅週期非常接近，因此相差1個沙羅週期的日食（擁有相同沙羅序列的日食），彼此的性質會極度類似。

補足與交點間的距離

　　將目測到的太陽與月亮的大小（半徑）換算成角度，約為15' = 0.25度。從圖5-7來看，我們會認為當太陽與月亮相距0.5度以上時，便不會發生日食。然而，由於月亮是距離

圖5-7 新月出現在離交點愈近的位置，日食程度愈大

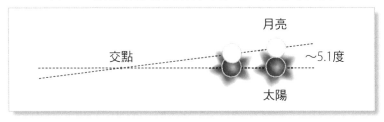

圖5-8 偏離0.5度以上就無法發生日食？

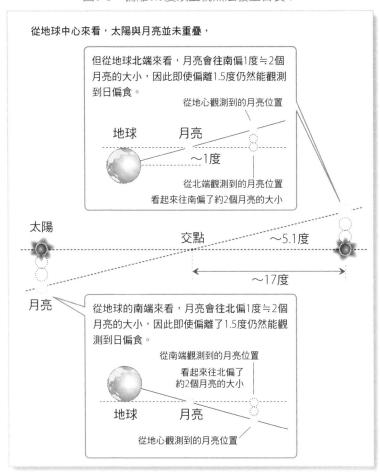

地球非常近的天體，因此從地球中心觀測時，即使月亮與太陽在同一方向重疊，從地球北端來看也會偏差約 1 度，也就是 2 個月亮的大小，造成兩者看起來不會重疊。

反過來說，從地球中心觀測時，即使太陽與月亮最大相距 1.5 度，從地球南端來看仍會發生日偏食。不過這裡指的是，由於月亮的軌道與太陽的軌道呈現 5.1 度的傾斜，因此日食是發生在從交點算起正負 17 度以內的新月時期。太陽 1 天約移動 1 度，換算成天數，代表在正負合計 34 天的期間內，只要新月在某處出現就可以觀測到日偏食。

由於朔望週期是 29.530589 天，因此除了上述條件絕對能成立外，在某端發生日食的 1 個朔望月後，也有可能在其他端再次出現日食。這種時候，不論從地球的北端或南端觀測，都會出現日偏食，這是很容易想像的。

月食的週期

當日食發生時，太陽會位於軌道的交點附近，因此在半個月前或半個月後的滿月，太陽、地球、月亮便很可能排列在一直線上而造成月食。此時只要用地球的陰影來取代太陽，就能和日食週期一樣，推算出月食的週期。

在此我們不妨先改變視角，將從月亮看到的情況整理一番。從月亮觀測時，地球的目測大小（半徑）約為 1 度，而

在月亮的中心觀測與在頂端觀測，兩者相差了 0.25 度。與先前所述相同，從月亮看見日偏食的條件，在於偏移 0.25 度讓太陽與地球相接，因此總共是 1.5 度。

然而，在月球表面上觀測到日偏食，其實只是代表陽光沒有照射到月球，因而看起來稍微變暗而已，從地球來看就是半影月食。

想從地球觀測到月偏食則必須再靠近一點，滿足從月球上看見日全食的條件，也就是 1 度。將 1 度按照先前的方法換算成天數，便是正負 11 天，合計共 22 天。這段期間比朔望月短，因此不一定會發生月食。就感覺上來說，我們會以為月食發生的頻率高於日食，但其實日食發生的頻率反而較高。

會有這樣的感覺是有原因的。由於月食是月亮跑到地球陰影裡的現象，因此觀測者位於何處並不會影響現象本身。換句話說，只要能看見月亮，在任何地點同樣都可以觀測到月亮逐漸虧缺。相對的，日食則需要觀測者進入陰影中，否則就看不見。因為陰影只會投射在地球的某處，明顯不足。因此在相同的地點進行觀測，看見月食的次數會比日食多。

圖5-9　怎樣才會發生月食？

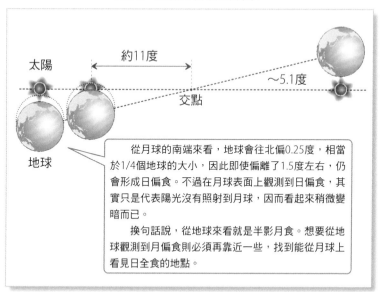

太陽

約11度

交點

～5.1度

地球

從月球的南端來看，地球會往北偏0.25度，相當於1/4個地球的大小，因此即使偏離了1.5度左右，仍會形成日偏食。不過在月球表面上觀測到日偏食，其實只是代表陽光沒有照射到月球，因而看起來稍微變暗而已。

換句話說，從地球來看就是半影月食。想要從地球觀測到月偏食則必須再靠近一些，找到能從月球上看見日全食的地點。

漲潮與退潮

1. 為什麼會發生潮汐現象？

　　正如潮汐兩個字的寫法是在三點水旁加上朝、夕一般，潮汐代表１天各２次潮水上升、下降的現象。除了漲退潮之外，還有滿乾潮（滿潮與乾潮的合稱）的稱呼。就像 Time and tide wait for no man.（歲月不待人）這句諺語一樣，潮汐的漲退自人類誕生以前便不斷持續至今。

　　退潮的海岸，可以讓人享受挖貝殼的樂趣，有時還會浮現平時沉在海底的通道。此外，在亞馬遜河及中國的錢塘江，每年的特定時期，滿潮時均會激起洶湧的浪潮，引發海水倒灌河川的現象。

　　讓我們在這個章節中，一起思考潮汐的原理吧。

月亮會將地球拉長

潮汐是地球受到月亮引力影響而變形，並由此產生的現象。讓我們一起來思考月亮將地球拉長的情況吧（圖 6-1）。根據牛頓的萬有引力定律，兩物體間的引力與兩物體的質量成正比，與其距離平方成反比。因此與地球的中心相比，靠近月亮一側的 A 會被強力吸引，使地球被拉往月亮的方向。由於海水比陸地更容易移動，因此會產生巨大的變化，造成海平面上升，也就是漲潮。

此時位於月亮另一側的 B 又會如何呢？是與 A 相反，往內縮嗎？由於 B 所承受的引力較地球中心來得弱，因此會被拉往中心。此時離心力會將海水推往月亮的反方向，因此 B 這一側同樣也會漲潮。

如此一來的話，根據月亮的引力，地球會被拉往月亮的方向及其反方向，並且因此產生漲潮，與其垂直的方向則會產生退潮。

太陽也會將地球拉長

除了月亮之外，太陽的引力也會使地球變形。因此，每到新月時期，太陽與月亮位於同一方向，地球的變形就會更加明顯。由於另一側也會朝同樣的方向拉長，因此滿月時也會有相同的狀況。此時滿潮與乾潮之間的潮差變化特別劇烈，稱為「大潮」。

圖6-1　潮汐產生的原理

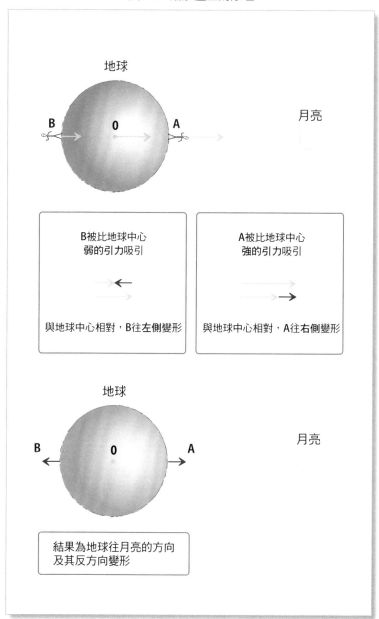

相反的，上弦月與下弦月時，彼此的變形會相互抵銷，導致滿潮與乾潮之間的潮差變小，稱為「小潮」。

潮汐與地球自轉

此外，1 天之中會發生 2 次滿潮及乾潮，但彼此之間未必相同。這點可以透過地球自轉軸與月亮的相對位置來思考。

當月亮位於地球的赤道面上時，A 所在位置（圖 6-2）的 2 次滿潮（或乾潮）就會相同。當月亮位於北側時，儘管同樣是滿潮卻會有極大差距。有時低水位的滿潮與高水位的乾潮彼此水位甚至相同，滿潮與乾潮 1 天中各可能會發生 1 次。

潮汐的週期

潮汐發生的時間間隔為多長呢？產生潮汐的主要原因在於月亮與太陽，但由於太陽比月亮遠得多，作用力只有月亮的一半左右，因此滿潮、乾潮會以 1 天為單位，配合月亮的運動每天各發生 2 次。而隨著月亮的盈虧，潮汐的大小也會產生變化。

月亮通過中天的時間間隔，平均為 24 小時又 50 分鐘，由於靠近月亮的一側及其相反側都會形成滿潮，因此潮汐的週期是它的一半，也就是平均 12 小時 25 分鐘，但由於月亮過中天時刻的變化與太陽也會帶來影響，因此潮汐週期的變

圖6-2　潮汐與地球自轉

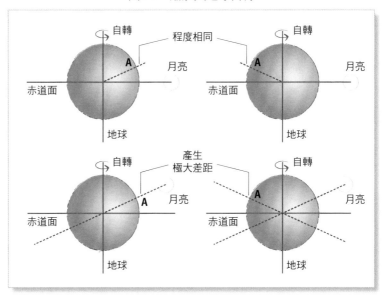

動頗為劇烈。

　　此外，月亮通過中天的瞬間其實並不會引起滿潮。儘管海水容易移動，但仍需要時間，陸地的存在、海灣的地形、海流、海底摩擦力等各式各樣的因素，都會導致滿潮時間發生延遲，且變化極大。關於各地滿潮的詳細時刻，請參照交通部中央氣象局（http://www.cwb.gov.tw/V7/forecast/fishery/tide_full.htm）所公布的資訊。

潮汐會產生能量

　　潮汐的漲退會產生摩擦而使溫度上升。土星與太陽的距離

是地球的 9.5 倍，非常寒冷，根據土星探測器卡西尼的觀測，可以發現土星的衛星土衛二會噴發大量的水蒸氣與冰晶，原因據說就是土星所引起的潮汐變形現象。若真如此，其產生的能量或許早已孕育出生命也不一定。

2. 潮汐與自轉變動

　　在第 2 章中，我們曾提過 1 天指的是太陽從中天再度經過中天的時間間隔，這個現象來自於地球自轉。從人類誕生的許久以前開始，日出日落與中天便會反覆循環，但這並不代表它一成不變。從古生物的年輪推算，可以得知約 4 億年前，1 年曾是 400 天。

　　另一方面，調查古代日食與月食的紀錄後會發現，月亮的圓缺週期與現在不同。這意謂著月亮正在逐漸增加移動速度，但又無法以牛頓力學解釋清楚。

　　這個看似奇異的現象，解開的關鍵就在潮汐。

發生潮汐現象時，
地球自轉會變慢，月亮則會加速

　　如同前一小節所述，地球因潮汐影響而變形必須花費一定的時間。而在這段期間內地球會持續自轉，因此長軸指的方向會落在月亮位置的前方（譯註：地球因潮汐力作用會變形成扁長的橢球體，而長軸會指向引起變形的天體）。此一狀況可以從地球上 A、B 受力的方向來思考。若將地球中心所受的引力捨去不看，則不論 A、B（圖 6-3）都會承受與地球自轉方向相反的力量。因此，受到潮汐運動的影響，地球自轉會逐漸趨緩。

　　地球自轉變慢後，1 天，也就是太陽從中天再到下一次中天的時間間隔就會變長。反過來說，古時候的自轉較快，因此 1 天較短。由於地球的公轉週期並沒有太大的變化，因此 1 年 400 天是可以理解的。從日食的觀測紀錄來看，平均每 100 年，1 天的時間就會延長約 2 毫秒。

　　如果地球自轉的速度持續變慢，並接近月亮的公轉速度時，又會發生什麼事呢？可以想見，地球變形的地方會被固定住，並且總是以同一邊面向月亮。某一天體總是以同一邊面向某天體，沒錯，月亮正是如此。月亮也會因地球引力的影響產生潮汐變形。其表（面對地球側）、裏（背對地球側）兩側的差異很大，而且未必只是因潮汐作用所引起，不過確

圖6-3　潮汐現象發生時……

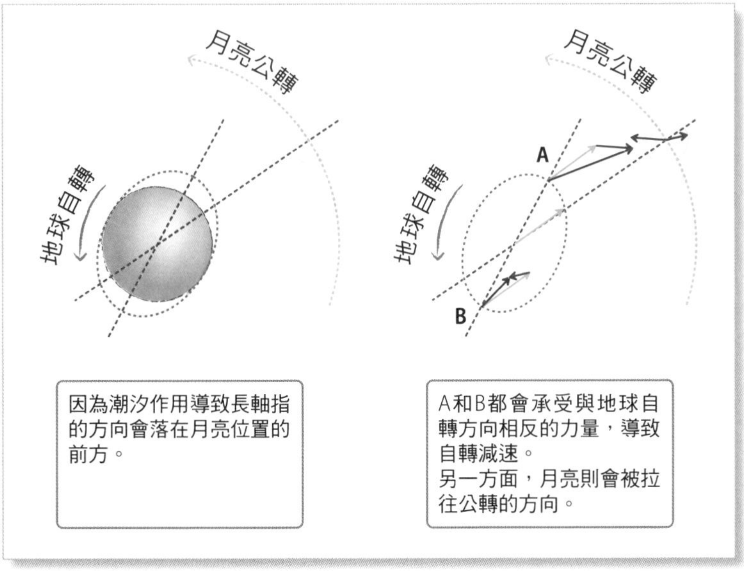

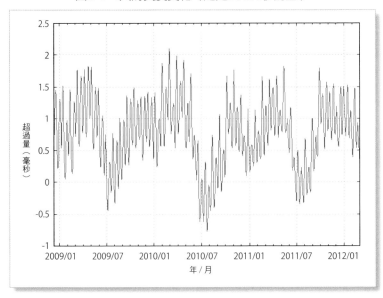

月亮公轉
地球自轉
月亮公轉
地球自轉
A
B
因為潮汐作用導致長軸指的方向會落在月亮位置的前方。
A和B都會承受與地球自轉方向相反的力量，導致自轉減速。
另一方面，月亮則會被拉往公轉的方向。

圖6-4　1天的長度變化（超過86400秒的量）

2.5
2
1.5
1
0.5
0
-0.5
-1
超過量（毫秒）
2009/01
2009/07
2010/01
2010/07
2011/01
2011/07
2012/01
年 / 月

實有許多自轉與公轉的週期相等，面對母天體，有很多行星或衛星都是以固定的面相向。

另一方面，月亮會被拉往公轉的方向，並且加快移動速度。而加速的月亮會像被地球引力甩開一般，愈跑愈遠。根據近年來的觀測，遠離的速度約是 1 年 3.8 公分。

何謂閏秒？

在時鐘仍未十分精準的 1950 年代，人們以地球自轉為基準，定義出 1 天及 1 秒：1 天＝ 86400 秒，並配合時鐘進行觀測。不過，現代透過高精準度的原子鐘，1 秒有了新的定義，而每 1 天的長度變化也得以觀測。從近年的觀測結果來看，以地球自轉為基準的 1 天，比 86400 秒多了約 1 毫秒。

我們可能會認為 1 毫秒倏忽即逝，但 1 年 365 天後就會相差 0.365 秒，2 ～ 3 年後就會產生 1 秒的差距。而填補此一差距的便是閏秒。

由於 1 分鐘有 60 秒，因此一般是以 58 秒、59 秒、0秒、1 秒的方式來推算。然而插入閏秒時，則會以 58 秒、59秒、60 秒、0 秒、1 秒的方式來進行。如此一來，以機械的86400 秒為 1 天的時刻（原子時），就能回到與地球自轉相符的時刻（世界時）。近年來曾經在 2009 年 1 月 1 日與 2012年 7 月 1 日插入 1 秒。

漲潮與退潮

　　如上所述，閏秒是用來協調機械時刻與自然時刻的存在，不過最近出現了時刻無法連續、閏秒插入的時期無法預測等不滿的聲音，因此也有人主張廢掉閏秒。

　　這個議題在爭論了 10 多年之後，終於在 2012 年 1 月國際電信聯盟的無線通信部門大會上裁決，但由於贊成及反對兩派無法達成協議，且多數國家以不了解情況為由保留意見，因此決定延至 2015 年的大會再定奪。

2012年
主要的天文現象

有些人以馬雅的長期曆在 2012 年 12 月結束，預言人類將於此時滅亡，實在是無稽之談。相反的，2012 年是天文現象豐收的一年。尤其在日本，5 月 21 日出現了日環食（譯註：日文稱為金環日食），到了 6 月 6 日又有金星凌日（掠過太陽），8 月 14 日則有金星食，罕見現象陸續發生。真沒想到可以在 2012 年的奧運年，於日本觀測到金（環日食）、金（星凌日）、金（星食），這不是很令人振奮嗎？

　　這些現象在各地該如何觀測，可以到日本國立天文台曆法計算室的網頁（http://eco.mtk.nao.ac.jp/koyomi/）確認，請務必善加利用。台灣讀者可至交通部中央氣象局或臺北市立天文科學教育館的網頁查詢。

5月21日的日環食

　　這次的日食在九州地方南部、四國地方南部、近畿地方南部、中部地方南部、關東地方等大範圍地區都能觀測到日環食。相信有許多人沒有特地外出，而是選擇待在自家觀賞日環食。

　　只看得見日偏食的地區也不必失望。日環食與日全食不同，周圍不會變暗，因此日環食與日偏食的差異，只有缺角形狀是環狀或非環狀而已。許多地區的最大食分可能達到 0.9 以上，所以也容易感受到氣溫與明亮度的變化，或許還能看見動物們躁動不安的模樣。

　　不過，即使太陽缺了那麼大一塊，陽光依然十分強烈，請務必透過日食眼鏡、投影板、針孔成像來觀測日食，以確保安全。

　　在日本能夠觀測到日環食，自 1987 年 9 月 23 日的沖繩以來，已經相距 25 年了，更早以前則是在 1958 年 4 月 19 日（奄美大島及八丈島等），與這次的日食相距了 3 個沙羅週期。下一次則必須等到 1 個沙羅週期後的 2030 年 6 月 1 日（北海道）才會發生。

6月6日的金星凌日

　　發生金星凌日現象時，太陽、金星、地球三者幾乎在同

圖 附錄-1　5月21日的日環食

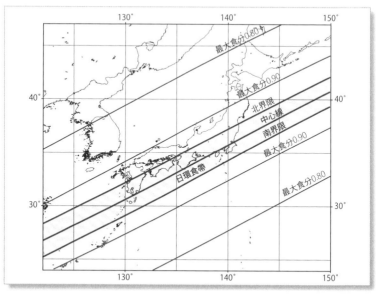

圖 附錄-2　6月6日的金星凌日

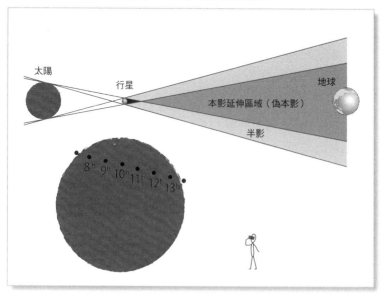

一直線上，金星將宛如一個黑點經過太陽面前。此時太陽的環狀部分會稍大一些，但仍可構成金星版本的日環食。因此與日環食相同，觀測時必須注意安全，不要直視太陽。

或許已經有人觀賞過 2006 年 11 月 9 日的水星凌日了，但金星的目測大小是太陽的 32 分之 1，可看性更高。此外，這次將不受日出日落的限制，能夠從到尾觀測到所有的過程。

並非每一次的新月都會發生日食，同樣的道理，因為金星的軌道面與地球的軌道面有 3 度左右的傾斜角，所以只要金星與地球不在交點附近會合，便不會發生金星凌日現象。這項條件非常嚴苛，只會以 8 年、121.5 年、8 年、105.5 年的週期成一循環。

距離上次發生金星凌日是在 8 年前的 2004 年 6 月 8 日，下次要等到 105.5 年後的 2117 年 12 月 11 日。金星凌日和日食不同，並不只在日本國內發生，除非活得夠長久，否則這次就是最後一次觀賞金星凌日了。

順帶一提，這種現象在尋找太陽系以外的行星時也能派上用場。當行星經過恆星前方時，恆星的光芒會稍微減弱。從這些細微的光芒變化，便能得知行星的大小及公轉週期等資訊。在遙遠的世界，未知的生命正與我們同樣觀測著金星凌日，討論這顆星球上是否有生命存在，一想到這些就令人興奮不已。

8月14日的金星食

　　除此之外，8月14日拂曉之時，除了石垣島以外，幾乎日本全國都能觀測到金星食（月亮遮蔽金星的現象）。金星食是月亮從金星的前方經過，遮蔽住金星所產生的現象，這次看起來像是金星潛入月亮的明亮處，然後再從陰暗處出來。金星凌日時從太陽前方經過的金星，這次則是以月亮為對象，從其後方繞過。根據觀測地點的不同，有些地方會看到像土耳其國旗上的形狀，有些地方則會看到金星掠過月亮的一端。

　　一般來說，行星食與日食相同，可見範圍相當狹窄，加上這個現象並非只在夜晚發生，因此想擁有良好觀測條件的機會並不多。不過，這次金星的亮度將達到負4.3等，是僅次於太陽與月亮以外最亮的天體，加上金星將接近西大距位置（8月15日），離太陽遠，因此日本的許多區域都能從頭到尾觀測到整個過程，是難得一見的機會。

　　此外，本次的金星食與英仙座流星雨的極大期（8月12日）相當接近，因此一個晚上或許能觀賞到兩種天文奇觀。向流星許願之際，可見識到一顆星星消失，接著又再度出現的奇觀。金星食與日環食、金星凌日不同，不必使用道具也能安全觀測，這也是它的魅力之一。

圖 附錄-3　金星食

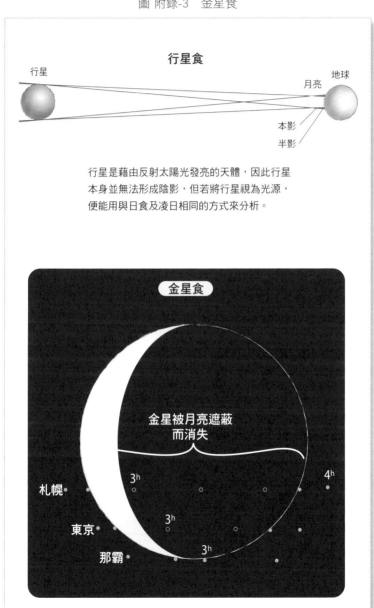

行星食

行星　　　　　　　　　　　　　　　　　　地球

月亮

本影

半影

行星是藉由反射太陽光發亮的天體，因此行星
本身並無法形成陰影，但若將行星視為光源，
便能用與日食及凌日相同的方式來分析。

金星食

金星被月亮遮蔽
而消失

札幌　　　　3ʰ　　　　　　　　　　4ʰ

東京　　　　　3ʰ

那霸　　　　　　3ʰ

其他的天文現象

在 3 月到 7 月這段期間，可以看到金星與木星接近的景象。由於中途會因內合*³ 現象而難以觀測，因此不知不覺間，夜晚的 2 顆星就會變成黎明的 2 顆星了。

8 月的英仙座流星雨（尖峰期在 12 日）與 12 月的雙子座流星雨（尖峰期在 14 日），兩者受月亮明度的影響很小，可以好好期待。

各月的詳細情報，請參考交通部中央氣象局的天文星象資訊（http://www.cwb.gov.tw/V7/astronomy/sky.php）。

---

*3：當內行星位於太陽與地球之間時，內行星與太陽黃經相等的現象。詳細說明請參閱以下網站。http://www.cwb.gov.tw/V7/knowledge/encyclopedia/as080.htm

作者簡歷

片山真人（Katayama Masato）

1971 年生於日本新潟縣。
東京大學研究所綜合文化研究科碩士課程結業。
曾任職於海上保安廳水路部航法測地課，
現為國立天文台天文資訊中心曆法計算室長。

主要著作如下：
《現代天文學 13 顆天體的位置與運動》合著（日本評論社）
《星之地圖館 太陽系大地圖》合著（小學館）
《理科年表系列 簡單好懂的宇宙與地球樣貌》合著（丸善）
《從此不再錯過 日食與月食的資料簿》（誠文堂新光社）
（以上書名皆為暫譯）

1週為什麼有7天？24節氣怎麼來？
用科學方式輕鬆懂曆法
2014年9月 1 日初版第一刷發行
2018年8月10日初版第三刷發行

作　　者	片山真人
譯　　者	蘇暐婷
編　　輯	陳正芳
美術編輯	張曉珍
發 行 人	齋木祥行
發 行 所	台灣東販股份有限公司

　　　　　　＜地址＞台北市南京東路 4 段 130 號 2F-1
　　　　　　＜電話＞(02)2577-8878
　　　　　　＜傳真＞(02)2577-8896
　　　　　　＜網址＞http://www.tohan.com.tw
郵撥帳號　　1405049-4
法律顧問　　蕭雄淋律師
總 經 銷　　聯合發行股份有限公司
　　　　　　＜電話＞(02)2917-8022
香港總代理　萬里機構出版有限公司
　　　　　　＜電話＞2564-7511
　　　　　　＜傳真＞2565-5539

購買本書者，如遇缺頁或裝訂錯誤，
請寄回調換（海外地區除外）。

Printed in Taiwan.

國家圖書館出版品預行編目資料

用科學方式輕鬆懂曆法：1週為什麼有 7 天？
24 節氣怎麼來？ / 片山真人著；蘇暐婷譯.
-- 初版 .-- 臺北市：臺灣東販，2014.09
144 面；14.7×21 公分
ISBN 978-986-331-488-2(平裝)

1. 曆法

327.36　　　　　　　　　　　　103015280

KOYOMI NO KAGAKU
© 2012 MASATO KATAYAMA
Originally published in Japan in 2012 by BERET
PUBLISHING CO., LTD.
Chinese translation rights arranged through TOHAN
CORPORATION, TOKYO.,